DURCH STARTEN

MATHEMATIK TESTBUCH

FÜR DIE 6. SCHULSTUFE
2. KLASSE GYMNASIUM/HS/NMS

Verfasst von Mone Crillovich-Cocoglia

Diesem Buch ist ein Lösungsheft zu den Übungen beigelegt.

Entspricht der Rechtschreibreform 2006.

Bibliografische Information der Deutschen Bibliothek
Die Deutsche Bibliothek verzeichnet diese Publikation in der
Deutschen Nationalbibliografie; detaillierte bibliografische Daten
sind im Internet über http://dnb.ddb.de abrufbar.

Lektorat: Klaus Kopinitsch
Covergestaltung: Gottfried Moritz
Satz: Dieter Vormayr
Herstellung: Julia Bamberger
Gedruckt in Österreich auf
umweltfreundlich hergestelltem Papier

1. Auflage 2012 ISBN: 978-3-7058-8850-0

INHALTSVERZEICHNIS

INHALTSVERZEICHNIS

VORWORT

„Durchstarten Mathematik Testbuch – 2. Klasse" richtet sich an alle Schülerinnen und Schüler, die sich in Bezug auf den Lehrstoff der 2. Klasse (6. Schulstufe) Gymnasium, Hauptschule oder Neue Mittelschule selbst testen wollen.
Das Buch teilt sich in drei Kapitel: **Lernzielkontrollen – Tests, Schularbeiten und Bildungsstandards.**

Jedes laut Lehrplan wesentliche Kapitel ist in **Lernzielkontrollen – Tests** verpackt. Arbeitet man die entsprechenden Lernzielkontrollen – Tests durch, so erhält man durch das angegebene Punktesystem eine Rückmeldung (eine Kontrolle) über den aktuellen Wissensstand zu diesem Kapitel (dem Lernziel).

Um sein Wissen zu kontrollieren bzw. auch ein zeitliches Gefühl zu bekommen, gibt es **Probeschularbeiten**.
Jeder, der die Prüfungssituation realistisch simulieren möchte, kann sich mit einer Themenstellung und einem elektronischen Hilfsmittel (Taschenrechner) für die Berechnungen **50 Minuten** lang „in Klausur" begeben und im Anschluss daran eine Einschätzung seiner persönlichen Leistungen vornehmen. Die Schularbeiten umfassen mehrere Stoffgebiete, die jeweils zu Beginn angegeben sind.

Der dritte Teil des Buches gibt – auf Niveau der 2. Klasse (6. Schulstufe) – einen kleinen Einblick in die Art und Weise, wie die Bildungsstandards am Ende der 4. Klasse (8. Schulstufe) in ganz Österreich abgeprüft werden. Die Aufgaben sind nach den Kapiteln I1 Zahlen und Maße, I2 Variable, funktionale Abhängigkeiten, I3 Geometrische Figuren und Körper und I4 Statistische Darstellungen und Kenngrößen sortiert. Bei jedem einzelnen Beispiel ist zusätzlich angegeben, um welche mathematische Handlung (H1 Darstellen, Modellbilden; H2 Rechnen, Operieren; H3 Interpretieren; H4 Argumentieren, Begründen) und um welche Komplexität (K1 Einsetzen von Grundkenntnissen und Fertigkeiten; K2 Herstellen von Verbindungen; K3 Einsetzen von Reflexionswissen, Reflektieren) es sich handelt.

Ich hoffe, dass das vorliegende Buch jeder Schülerin und jedem Schüler eine effiziente Hilfe bei der Vorbereitung auf die **Schularbeit** oder **(Wiederholungs-)Prüfung** sein kann und das zuweilen auftretende mulmige Gefühl bei dem Gedanken daran etwas verfliegen lässt.

Allen Benutzerinnen und Benutzern viel Spaß beim Eintauchen in die faszinierende Welt der Mathematik, Freude an der intensiven Auseinandersetzung mit mathematischen Aufgabenstellungen und nicht zuletzt ein erfolgreiches Abschneiden in diesem Schuljahr!

Mone Crillovich-Cocoglia

Notenschlüssel:

	Lernzielkontrolle – Test	Schularbeit
Sehr gut	24–23	48–44
Gut	22–20	43–38
Befriedigend	19–16	37–31
Genügend	15–12	30–24
Nicht genügend	11–0	23–0

Wiederholung der vier Grundrechnungsarten

Testdauer: 20 min

1. Multipliziere die Zahl 134 zuerst mit 3, das Ergebnis mit 5 und das neue Ergebnis mit 6! Teile anschließend nacheinander durch 10, 9 und 2!

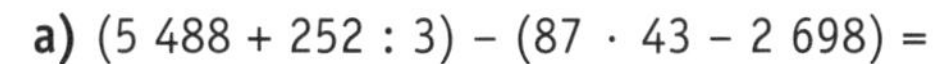

2. Berechne!

a) (5 488 + 252 : 3) – (87 · 43 – 2 698) =

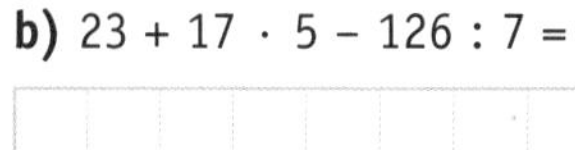

/ 6

b) 23 + 17 · 5 – 126 : 7 =

/ 6

3. Schreibe die Rechnung unter Verwendung von Klammern an! Führe die Rechnung aus!
Der um 537 vermehrte Quotient der Zahlen 5 704 und 23 ist mit der Differenz der Zahlen 4 082 und 3 917 zu multiplizieren!

/ 24

LZK – TEST 2
Teilbarkeit natürlicher Zahlen

Testdauer: 20 min

/ 4

1. Zerlege in Primfaktoren!

a) 2 940 = ______

b) 3 150 = ______

/ 4

2. Ermittle den größten gemeinsamen Teiler (ggT) der gegebenen Zahlen!

a) ggT(28, 70) = ______

b) ggT(64, 128, 256) = ______

/ 4

3. Ermittle das kleinste gemeinsame Vielfache (kgV) der gegebenen Zahlen!

a) kgV(4, 6, 9) = ______

b) kgV(15, 18, 30) = ______

/ 8

4. Gegeben sind die Zahlen 24 und 32.

a) Gib die Teilermenge jeder Zahl an!

T_{24} = ______

T_{32} = ______

b) Gib die Menge der gemeinsamen Teiler an!

T(24, 32) = ______

c) Wie lautet der größte gemeinsame Teiler?

ggT(24, 32) = ______

/ 4

5. Wahr oder falsch? Kreuze an!

	wahr	falsch
a) Jede Zahl ist Teiler von 1.	❑	❑
b) Null ist Teiler jeder Zahl.	❑	❑
c) Es gibt sowohl gerade als auch ungerade Primzahlen.	❑	❑
d) 1 ist keine Primzahl.	❑	❑

/ 24

LZK – TEST 3
Bruch als Teil eines Ganzen

Testdauer: 20 min

1. Gib den gegebenen Bruch als gemischte Zahl an! / 3

a) $\frac{11}{3}$ = ________ **b)** $\frac{17}{5}$ = ________ **c)** $\frac{37}{9}$ = ________

2. Gib als unechten Bruch an! / 3

a) $1\frac{5}{6}$ = ________ **b)** $4\frac{3}{4}$ = ________ **c)** $6\frac{1}{2}$ = ________

3. Verwandle in einen Dezimalbruch! / 6

a) $\frac{3}{4}$ = ________ **b)** $\frac{1}{2}$ = ________ **c)** $3\frac{1}{2}$ = ________

d) $\frac{3}{5}$ = ________ **e)** $\frac{3}{8}$ = ________ **f)** $\frac{4}{5}$ = ________

4. Verwandle die Dezimalzahl in einen (gekürzten) Bruch! / 6

a) 0,2 = ________ **b)** 0,05 = ________ **c)** 0,75 = ________

d) 0,3 = ________ **e)** 0,125 = ________ **f)** 0,48 = ________

5. Gib in Liter an! / 3

a) $\frac{3}{5}$ hl = ________ **b)** $\frac{7}{10}$ hl = ________ **c)** $\frac{1}{4}$ hl = ________

6. Gib in Kilogramm an! / 3

a) $\frac{1}{8}$ t = ________ **b)** $\frac{3}{4}$ t = ________ **c)** $\frac{1}{10}$ t = ________

/ 24

LZK – TEST 4
Der Bruch als Rechenbefehl/Division

Testdauer: 20 min

/ 6

1. Berechne!

a) $\frac{1}{4}$ von 100 € = ______

b) $\frac{3}{7}$ von 42 kg = ______

c) $\frac{2}{3}$ von 390 m = ______

/ 4

2. Christoph gibt $\frac{2}{5}$ seines monatlichen Taschengeldes, das sind 8 €, für Spielkarten aus. Wie viel Euro Taschengeld bekommt Christoph monatlich?

/ 8

3. Gib als Bruchteil an!

a) 4 h von 1 Tag = ______

b) 45 min von 1 h = ______

c) 4 kg von 10 kg = ______

d) 12 hl von 36 hl = ______

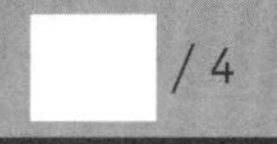

/ 4

4. Berechne!

a) 12 m^2 sind $\frac{3}{4}$ von wie viel m^2?

b) 4 Stunden sind $\frac{2}{3}$ von wie viel Stunden?

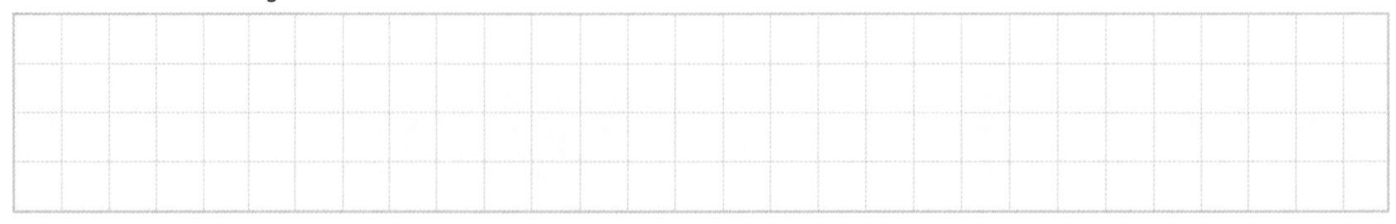

/ 2

5. Der Wassergehalt bei Gurken beträgt $\frac{9}{10}$ der Gesamtmasse. Wie viel kg Gurken enthalten 1,8 Liter Wasser?

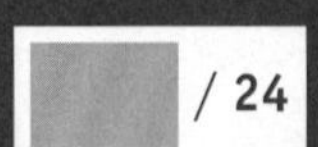

/ 24

Bruchzahlen auf dem Zahlenstrahl

Testdauer: 20 min

1. Welche Zahlen sind jeweils auf dem Zahlenstrahl markiert? Gib als gekürzten Bruch an!

a) $\frac{1}{10}$ **b)**

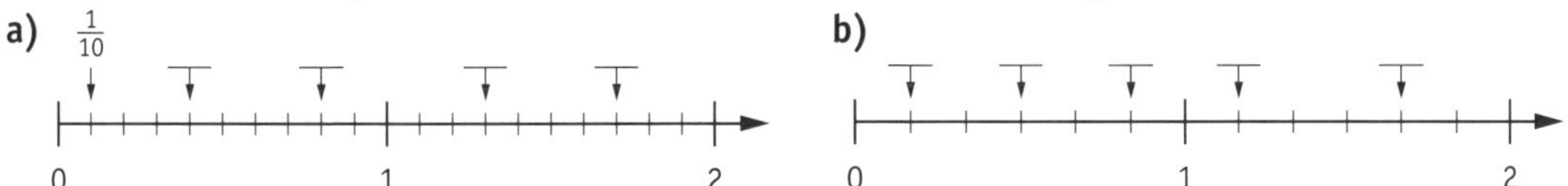

c) **d)**

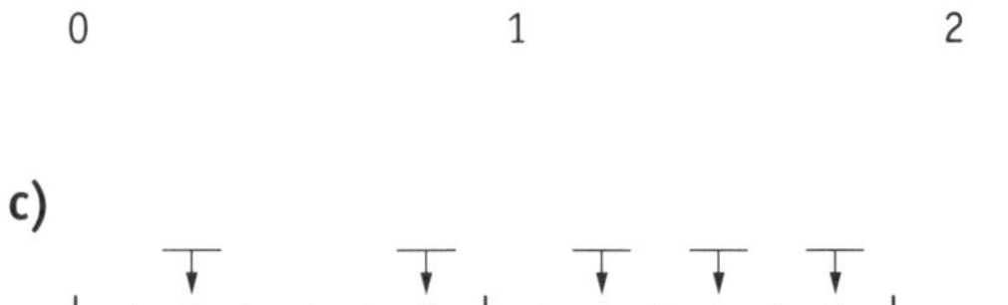

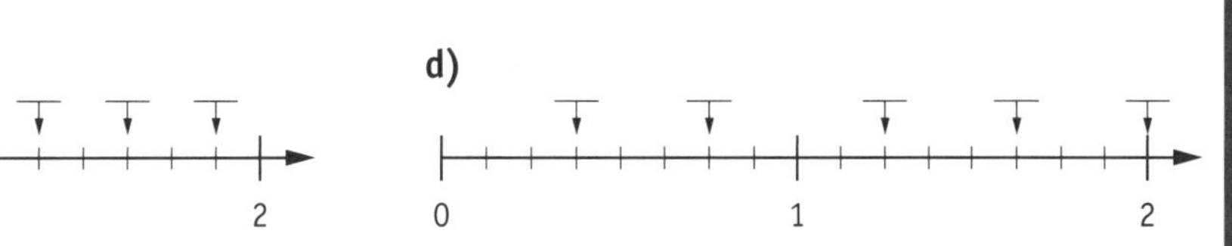

2. Markiere die Brüche auf dem Zahlenstrahl!

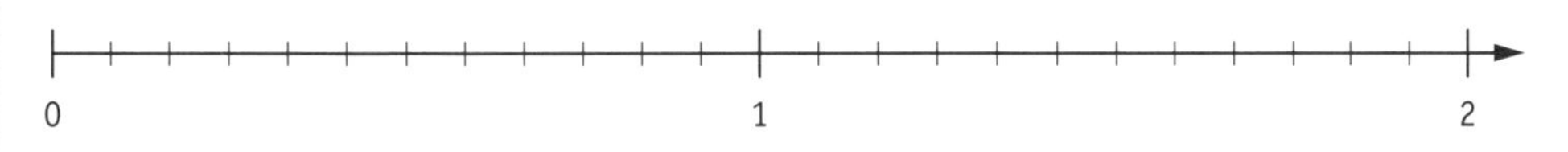

a) $\frac{1}{2}$ **b)** $\frac{1}{3}$ **c)** $\frac{1}{4}$ **d)** $\frac{1}{6}$ **e)** $\frac{3}{4}$ **f)** $\frac{7}{6}$ **g)** $1\frac{2}{3}$ **h)** $1\frac{5}{6}$

/ 4

3. Trage die Bruchzahlen auf dem Zahlenstrahl ein! Setze dann <, = bzw. > ein!

a) $\frac{1}{4}$ ☐ $\frac{1}{3}$ **b)** $\frac{3}{6}$ ☐ $\frac{1}{2}$ **c)** $\frac{1}{3}$ ☐ $\frac{5}{12}$

d) $\frac{7}{12}$ ☐ $\frac{2}{3}$ **e)** $\frac{11}{12}$ ☐ $\frac{5}{6}$ **f)** $\frac{1}{4}$ ☐ $\frac{3}{12}$

/ 6

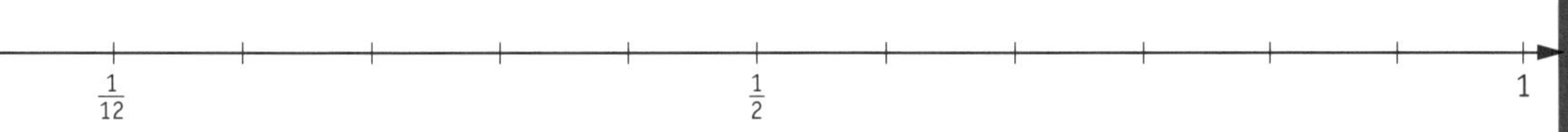

4. Wandle die folgenden Brüche in Dezimalbrüche um und trage sie anschließend auf dem Zahlenstrahl ein!

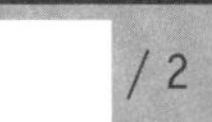

a) $\frac{1}{5}$ =  **b)** $\frac{3}{50}$ = 

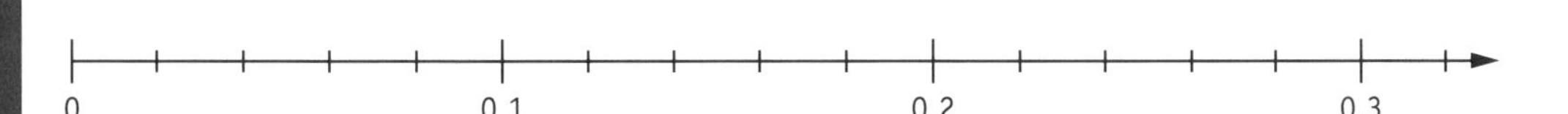

/ 24

LZK – TEST 6
Erweitern von Brüchen

Testdauer: 20 min

/ 6

1. Erweitere mit 3!

a) $\frac{1}{3}$ = ______ b) $\frac{5}{7}$ = ______ c) $\frac{2}{5}$ = ______

d) $\frac{3}{4}$ = ______ e) $\frac{11}{14}$ = ______ f) $\frac{4}{9}$ = ______

/ 6

2. Vervollständige die Tabelle!

Gekürzter Bruch	$\frac{2}{5}$			
Hundertstelbruch		$\frac{2}{100}$		
Dezimalzahl			0,05	
Prozent				60 %

/ 6

3. Erweitere folgende Brüche auf den gegebenen Nenner!

a) $\frac{2}{3} = \frac{\quad}{330}$ b) $\frac{4}{5} = \frac{\quad}{1\,050}$ c) $\frac{7}{12} = \frac{\quad}{864}$

/ 6

4. Erweitere so, dass die beiden gegebenen Brüche einen möglichst kleinen, gleichen Nenner besitzen!

a) $\frac{10}{6}$ = ________; $\frac{15}{4}$ = ________

b) $\frac{14}{9}$ = ________; $\frac{21}{2}$ = ________

c) $\frac{7}{12}$ = ________; $\frac{5}{16}$ = ________

/ 24

Kürzen von Brüchen

Testdauer: 20 min

1. Kürze die gegebenen Brüche durch 7!

a) $\frac{7}{14}$ = ______ b) $\frac{63}{70}$ = ______ c) $\frac{133}{140}$ = ______

d) $\frac{21}{28}$ = ______ e) $\frac{49}{84}$ = ______ f) $\frac{70}{105}$ = ______

/ 6

2. Kürze die folgenden Brüche so weit wie möglich!

a) $\frac{88}{132}$ = ________ b) $\frac{96}{168}$ = ________ c) $\frac{1\,440}{3\,420}$ = ________

/ 6

3. Kürze!

a) $\frac{5 \cdot 21 \cdot 12}{3 \cdot 15 \cdot 7}$ = ________________________________

b) $\frac{1 \cdot 4 \cdot 28}{32 \cdot 35}$ = ________________________________

c) $\frac{6 \cdot 14 \cdot 5}{30 \cdot 21}$ = ________________________________

/ 6

4. Schreibe die Dezimalzahl zunächst als Dezimalbruch und kürze anschließend so weit wie möglich!

a) 0,12 = ________________________________

b) 0,005 = ________________________________

c) 0,125 = ________________________________

/ 6

/ 24

LZK – TEST 8
Addieren und Subtrahieren von Bruchzahlen

Testdauer: 20 min

1. Bringe auf den kleinsten gemeinsamen Nenner und berechne!

a) $\frac{1}{9} + \frac{5}{18} - \frac{1}{6} =$ ____________________

b) $\frac{5}{6} - \frac{3}{7} + \frac{1}{3} =$ ____________________

2. Vereinfache!

a) $\frac{x}{4} - \frac{x}{5} =$ ____________________

b) $2 \cdot x - \frac{x}{4} =$ ____________________

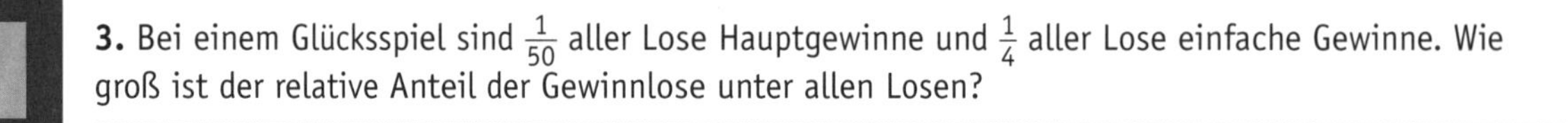

3. Bei einem Glücksspiel sind $\frac{1}{50}$ aller Lose Hauptgewinne und $\frac{1}{4}$ aller Lose einfache Gewinne. Wie groß ist der relative Anteil der Gewinnlose unter allen Losen?

4. Aus einer $\frac{7}{10}$l-Flasche wird $\frac{1}{4}$ Liter entnommen. Wie viel Liter verbleiben in der Flasche?

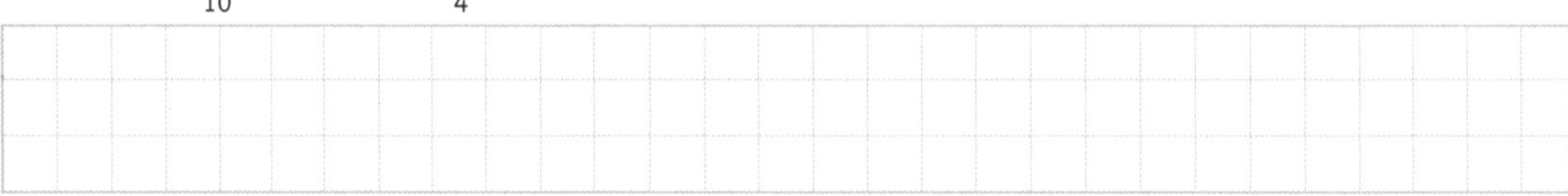

5. $\frac{2}{3}$ aller Äpfel eines Obstbauern sind von der Sorte A und B. Die Sorte A allein macht $\frac{2}{5}$ aller Äpfel aus.

a) Welchen relativen Anteil unter allen Äpfeln hat die Sorte B?

b) Sind die meisten Äpfel jene der Sorte A?

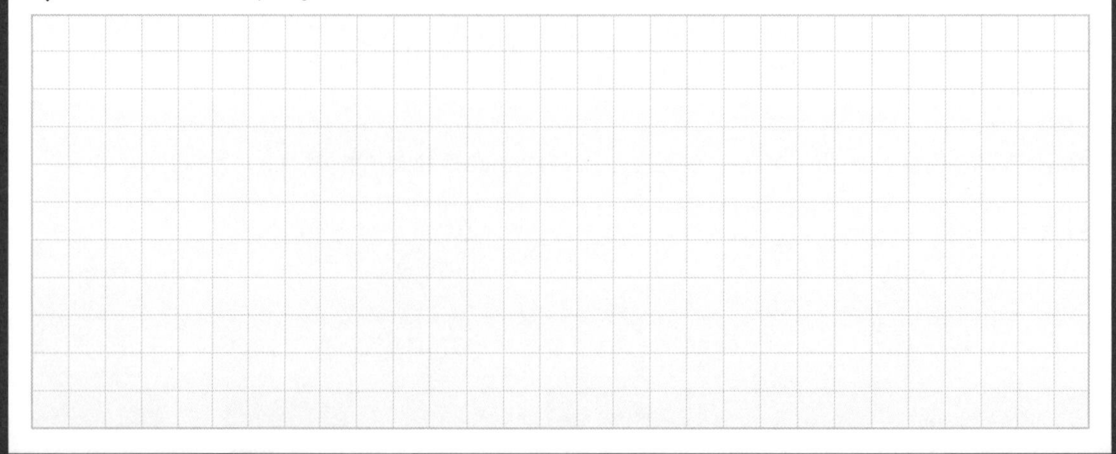

/ 24

Multiplizieren und Dividieren von Bruchzahlen

Testdauer: 20 min

/ 6

1. Mit welcher Zahl muss man $6\frac{2}{3}$ multiplizieren, um $3\frac{3}{4}$ zu erhalten?

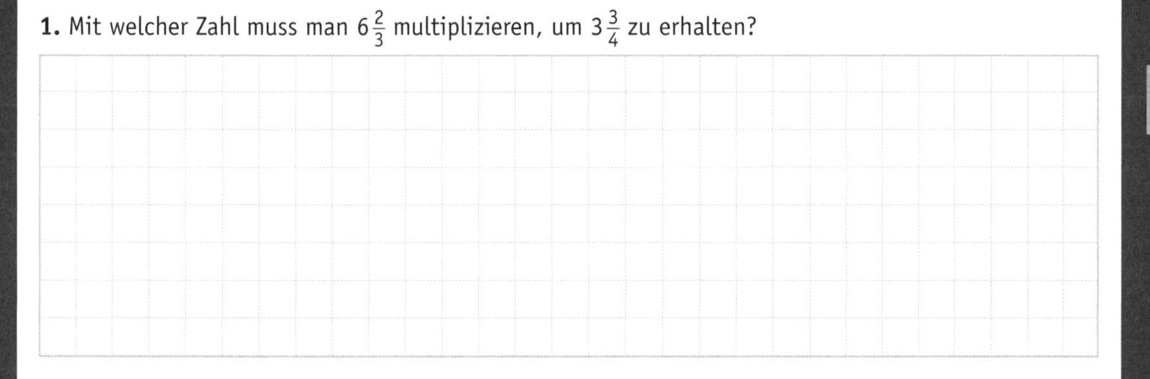

/ 6

2. Durch welche Zahl muss man $16\frac{1}{3}$ dividieren, um 21 zu erhalten?

/ 6

3. Für $1\frac{2}{3}$ kg einer Ware zahlt man 25 €. Wie viel kosten $1\frac{1}{5}$ kg? Wie viel erhält man für 30 €?

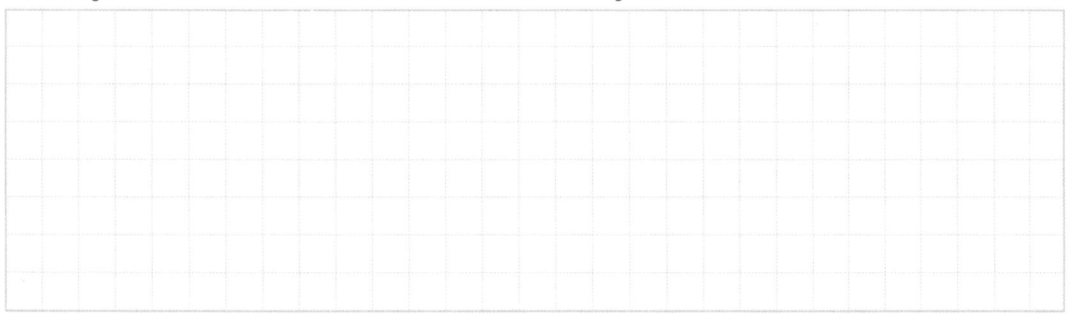

/ 6

4. Vereinfache!

a) $\frac{x}{4} : 4 =$ ______________________

b) $\frac{\frac{3}{4x}}{8} =$ ______________________

c) $\frac{x}{2} \cdot \frac{4}{7} =$ ______________________

/ 24

LZK – TEST 10
Bruchrechnen

Testdauer: 20 min

/ 8

1. Berechne!

a) $\frac{1}{14} + 5\frac{4}{7} : \frac{2}{5} - 2\frac{3}{8} \cdot 5 =$

/ 8

b) $\left(\frac{11}{15} + \frac{9}{20}\right) : \left(\frac{7}{12} - \frac{1}{15}\right) - \frac{9}{31} =$

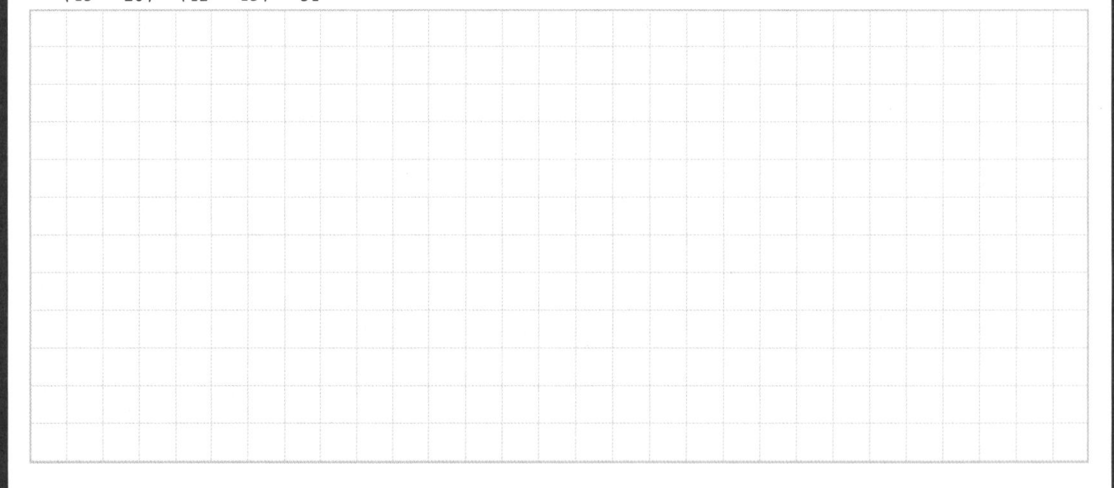

/ 8

2. Aus einem Behälter mit 80 Liter Apfelsaft werden 32 Flaschen zu $\frac{3}{4}$ Liter und 15 Flaschen zu $\frac{7}{10}$ Liter abgefüllt. Der Rest soll in Flaschen zu $\frac{1}{3}$ Liter gefüllt werden. Wie viele Flaschen zu $\frac{1}{3}$ Liter lassen sich füllen?

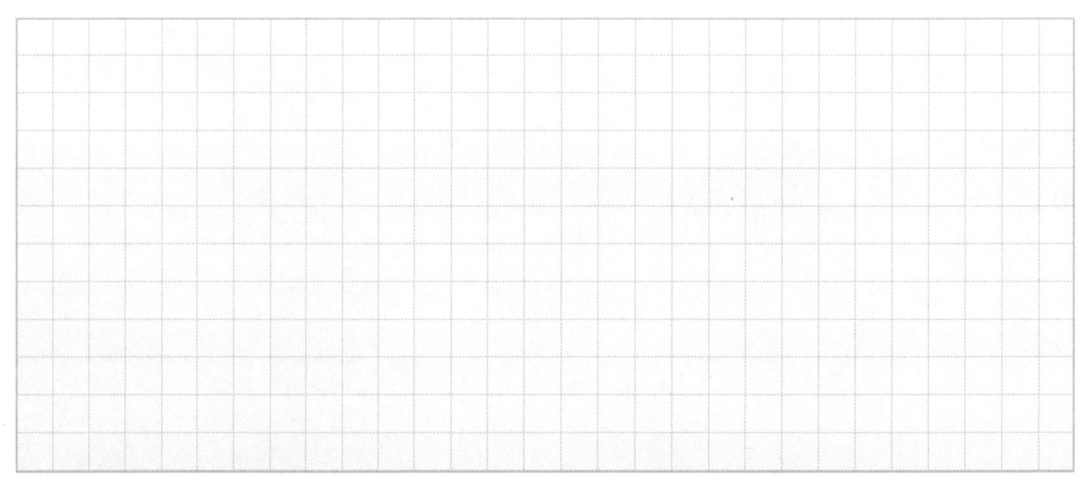

/ 24

LZK – TEST 11
Lösen von Gleichungen

Testdauer: 20 min

1. Löse die Gleichung!

a) $7 \cdot a - 28 = 14$

/ 2

b) $6 \cdot b - 4 \cdot b = 26$

/ 2

c) $11 - \frac{2c}{3} = 1$

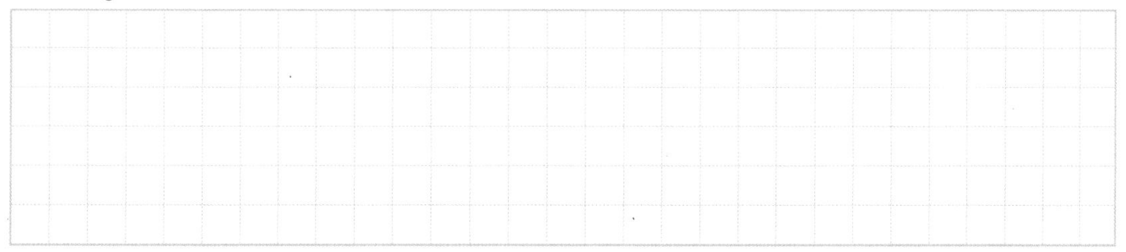

/ 4

2. Löse die Gleichungen durch Umformungen und mach die Probe!

a) $d - 8 = 16$ / 2

b) $18 - e = 13$ / 3

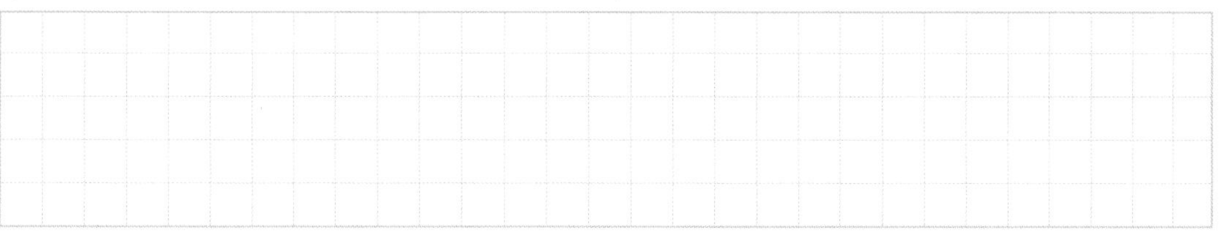

c) $9 \cdot f = 117$ / 2

d) $g : 5 = 25$ / 2

e) $48 : h = 3$ / 3

f) $8 - \frac{i}{3} = 5$ / 4

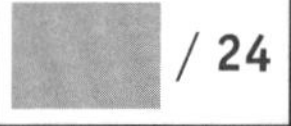

/ 24

LZK – TEST 12
Textgleichungen

Testdauer: 20 min

Übersetze den Text in eine Gleichung mit einer Unbekannten! Berechne die Unbekannte!

/ 4

1. Jakob kauft sich ein Buch. Wie viel kostet das Buch, wenn Jakob nach Abzug von 3 € Rabatt an der Kassa 9,70 € bezahlt?

/ 5

2. Jan kauft im Schreibwarengeschäft einen Bleistift um 0,80 € und 5 Hefte. Insgesamt bezahlt er 3 €. Wie teuer ist ein Heft?

/ 5

3. Julia bekommt doppelt so viel Taschengeld wie ihre kleine Schwester Katrin. Zusammen erhalten sie 21 €. Wie viel Euro bekommt jeder der beiden?

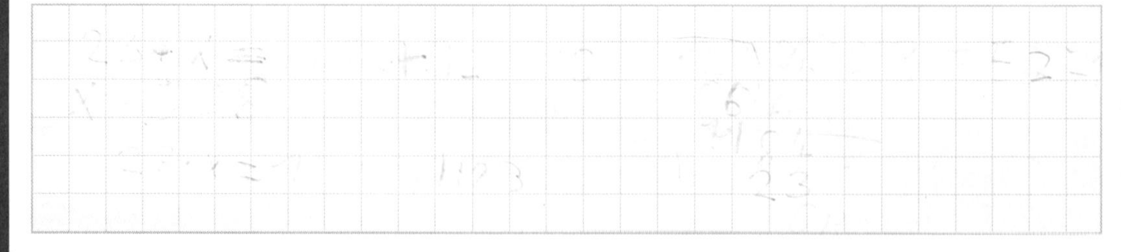

/ 5

4. Das Produkt aus 23 und einer Zahl ist um 144 größer als 12 000. Berechne diese Zahl!

/ 5

5. Die Summe dreier Zahlen, von denen jede Zahl um 3 größer ist als die vorhergehende, beträgt 999. Berechne diese drei Zahlen!

/ 24

Direkt proportionale Größen

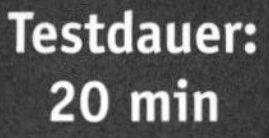

Testdauer: 20 min

1. Durch den Zulauf eines Schwimmbeckens laufen bei voller Öffnung 36 Liter Wasser in 2 Minuten.

a) Wie viel Liter fließen in 15 Minuten durch den Zulauf?

/ 6

b) Wie lange dauert es, bis das Schwimmbecken mit 50 000 Liter Fassungsvermögen gefüllt ist?

/ 6

2. Ein Autofahrer tankt 55 Liter bleifreies Benzin. Ein anderer Autofahrer 60 Liter. Dieser zahlt um 2,80 € mehr als der erste. Wie viel zahlt jeder von den beiden?

/ 6

3. Frau Sparer möchte preiswert einkaufen. Es stehen zwei Flaschen Waschmittel zur Auswahl: 2 Liter um 2,46 € und 3,5 Liter um 4,20 €. Welche Flasche soll sie kaufen?

/ 6

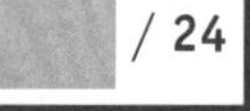
/ 24

LZK – TEST 14
Indirekt proportionale Größen

Testdauer: 20 min

/ 6

1. Ein Buch hat 60 Seiten, wenn auf jede Seite 24 Zeilen passen. Wie viele Seiten hat das Buch, wenn auf jede Seite 30 Zeilen passen?

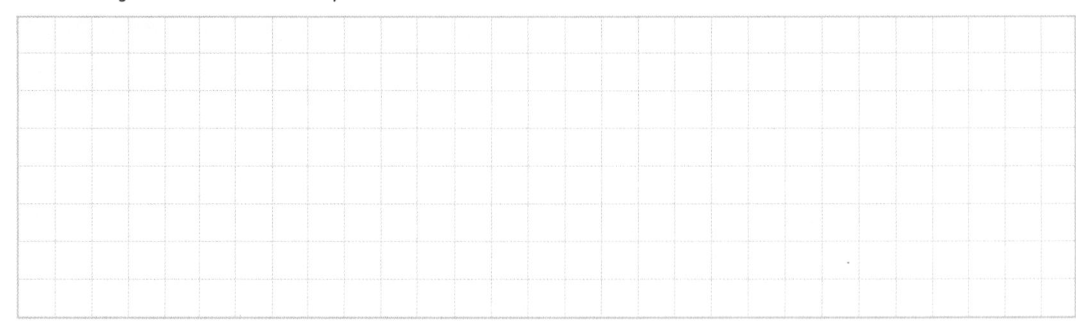

/ 6

2. Sigrid hat noch 15 Tage bis zu ihrer Prüfung. Wenn sie täglich 4 Seiten lernt, wird sie mit ihrer Vorbereitung genau fertig. Leider ist sie gleich drei Tage krank. Mit welchem täglichen Lernpensum muss sie nun arbeiten?

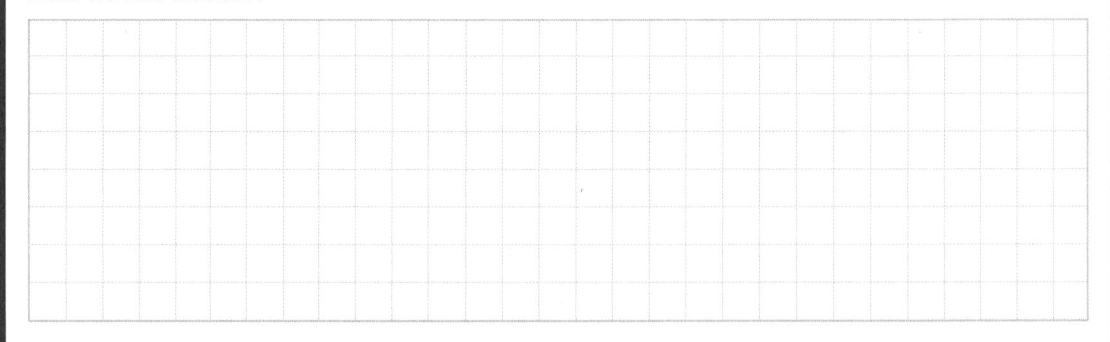

/ 6

3. Martins Mutter teilt sich ihr Haushaltsgeld ein. Wenn sie täglich durchschnittlich 38 € ausgibt, so reicht das Geld 25 Tage.

a) Wie viel Geld darf sie täglich ausgeben, wenn das Geld nur 20 Tage reichen muss?

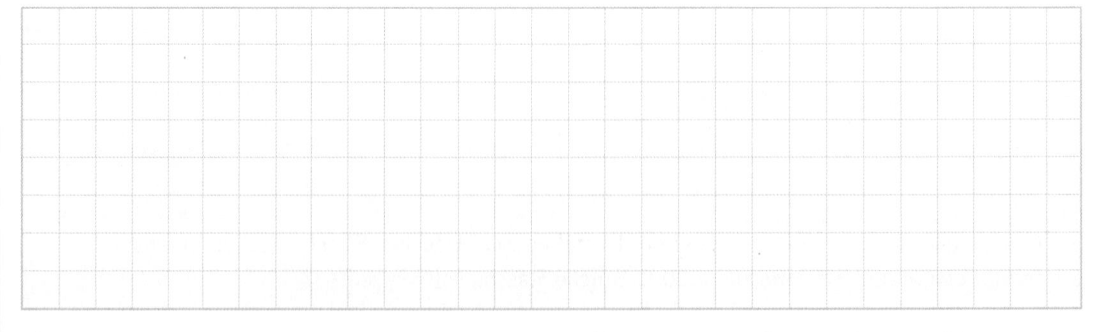

/ 6

b) Wie viele Tage würde das Geld reichen, wenn sie täglich um 12 € mehr ausgeben würde?

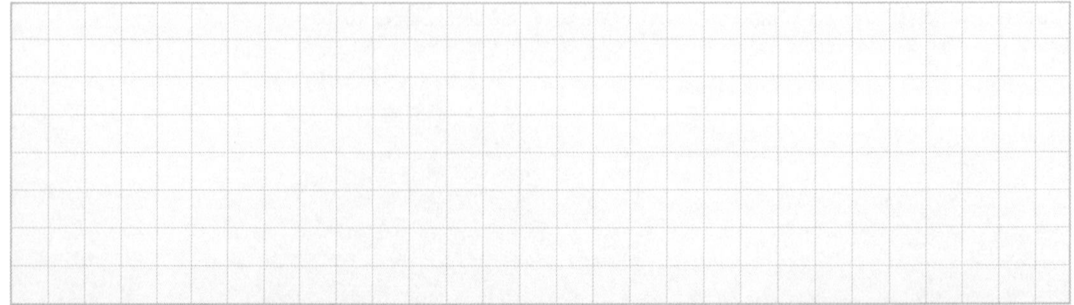

/ 24

Geschwindigkeit

Testdauer: 20 min

1. Der TGV (train à grande vitesse – deutsch: *Zug mit großer Geschwindigkeit*) in Frankreich erreicht eine Spitzengeschwindigkeit von 72 m/s.

a) Fülle die Tabelle aus! Welche Höchstgeschwindigkeit in km/h erreicht er?

/ 6

Zeit	Weg
1 s	
10 s	
1 min	
8 min	
1 h	

Der TGV erreicht eine Höchstgeschwindigkeit

von ___________ km/h.

b) Welche Strecke legt der TGV in t Sekunden zurück? Stelle eine Formel für den Weg s auf!

/ 3

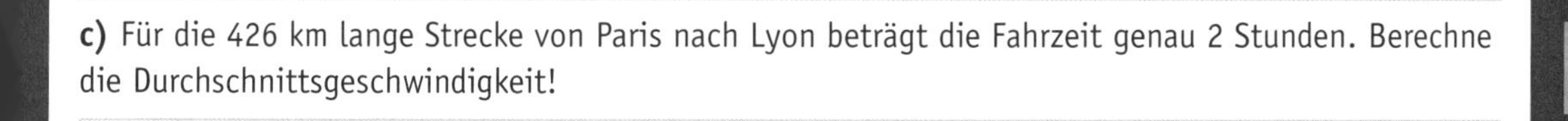

c) Für die 426 km lange Strecke von Paris nach Lyon beträgt die Fahrzeit genau 2 Stunden. Berechne die Durchschnittsgeschwindigkeit!

/ 3

2. Bei einer Durchschnittsgeschwindigkeit von 110 km/h fährt ein Autofahrer die Strecke Wien – Wels in rund 2 Stunden.

a) Diesmal möchte er um 10 Minuten früher am Ziel sein. Um wie viel muss er seine Durchschnittsgeschwindigkeit erhöhen?

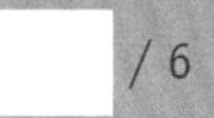

/ 6

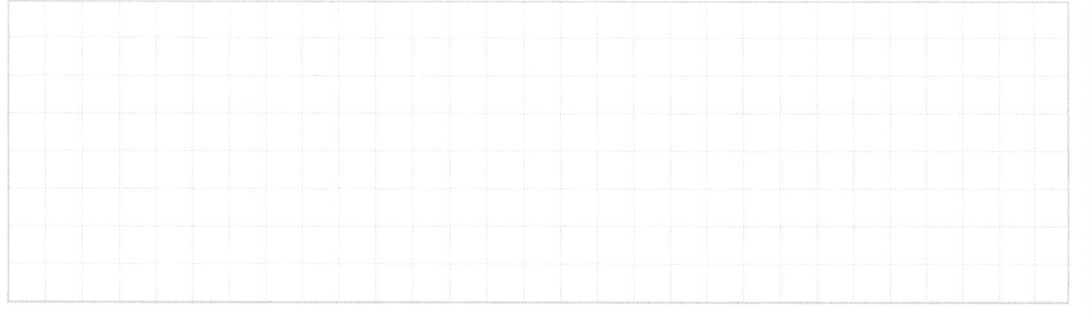

b) Ein anderes Mal muss er nach 1,5 Stunden Fahrt mit 110 km/h seine Geschwindigkeit infolge stärkeren Verkehrs um 20 km/h verringern. Wie groß ist sein Zeitverlust?

/ 6

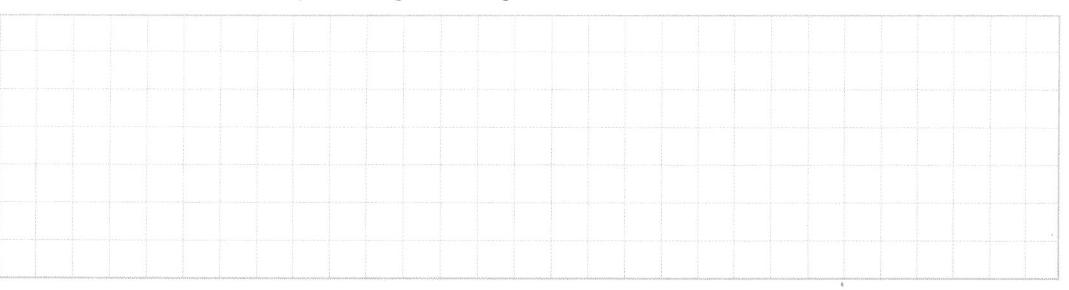

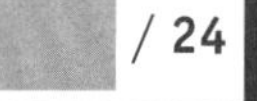

/ 24

Testdauer: 20 min

LZK – TEST 16
Direkt und indirekt proportionale Größen

/ 6

1. In einer Fabrik für Mikroprozessoren konnten bisher 1 000 Prozessoren pro Stunde hergestellt werden. Durch eine neue Maschine ist es nun möglich, stündlich 1 500 Prozessoren herzustellen.

a) Welche Zeit war früher dafür notwendig?

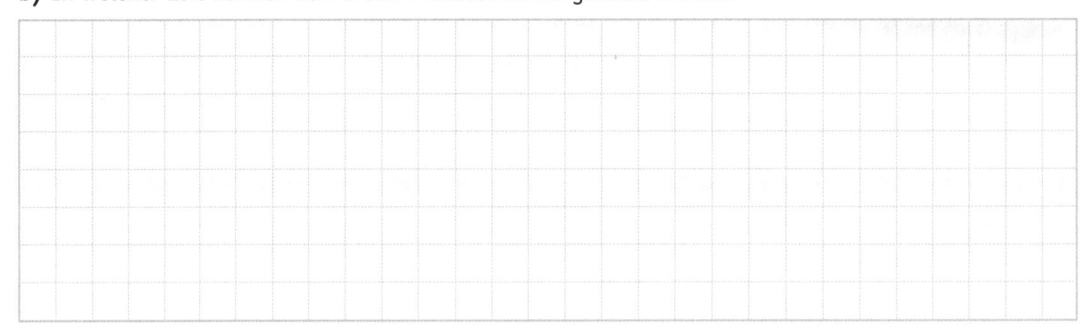

/ 6

b) In welcher Zeit können nun 1 000 Prozessoren hergestellt werden?

/ 6

2. Eine Radfahrerin fährt mit durchschnittlich 12 km/h und legt eine bestimmte Strecke in 2 h 36 min zurück.

a) Wie lang braucht ein Motorradfahrer für dieselbe Strecke, wenn er mit rund 40 km/h unterwegs ist?

/ 6

b) Wie lang ist die Strecke?

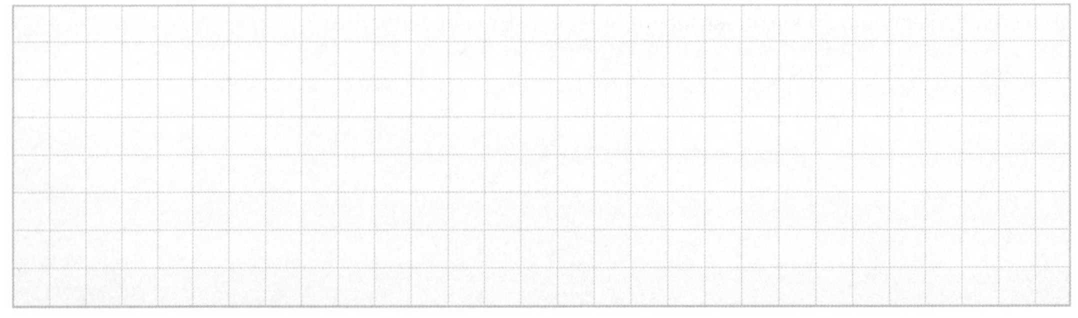

/ 24

Grundlagen der Prozentrechnung

Testdauer: 20 min

1. Vervollständige die Tabelle!

/ 6

	a)	b)	c)	d)	e)	f)
Prozent		75 %			80 %	
Bruch	$\frac{1}{2}$			$\frac{1}{5}$		
Dezimalzahl			0,3			0,125

2. Berechne im Kopf!

/ 4

a) 50 % von 1 h ______

b) 25 % von 4 km ______

c) 1 % von 5 kg ______

d) 30 % von 250 € ______

3. Schreibe den gekennzeichneten Flächeninhalt als Teil der Gesamtfläche als Bruch, als Dezimalzahl und als Prozentangabe!

/ 4

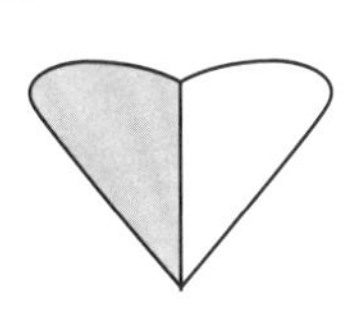 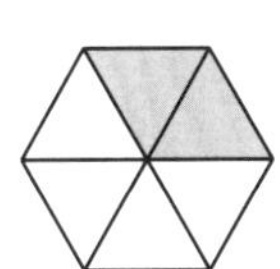 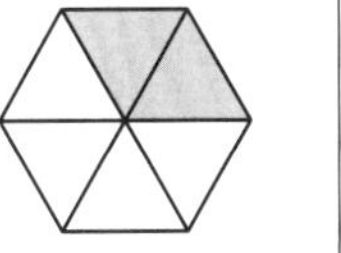 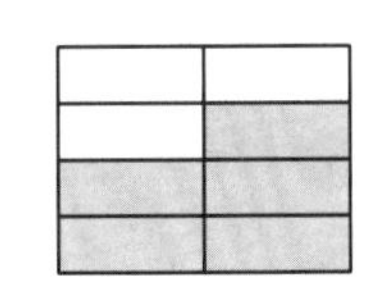 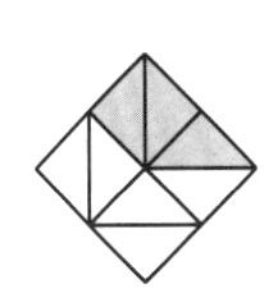

Bruch	______	______	______	______
Dezimalzahl	______	______	______	______
Prozentangabe	______	______	______	______

4. Färbe den angegebenen Anteil!

/ 8

a) $\frac{1}{4}$

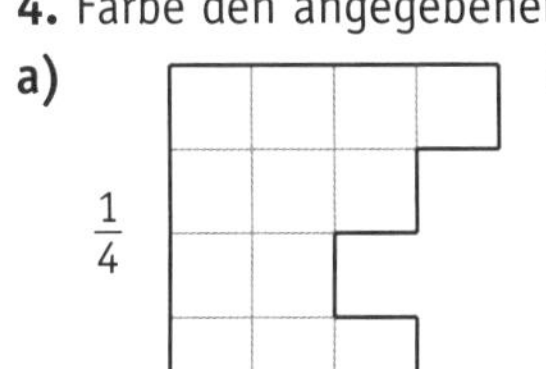

b) $\frac{1}{8}$

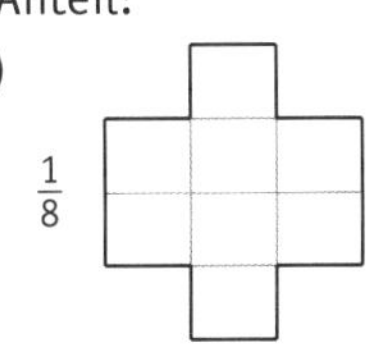

c) $\frac{1}{6}$

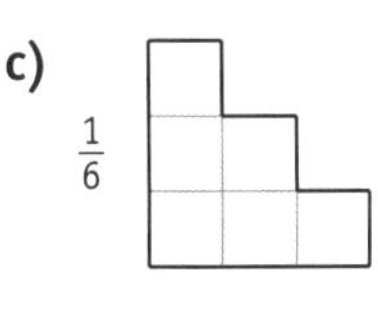

d) $\frac{1}{3}$

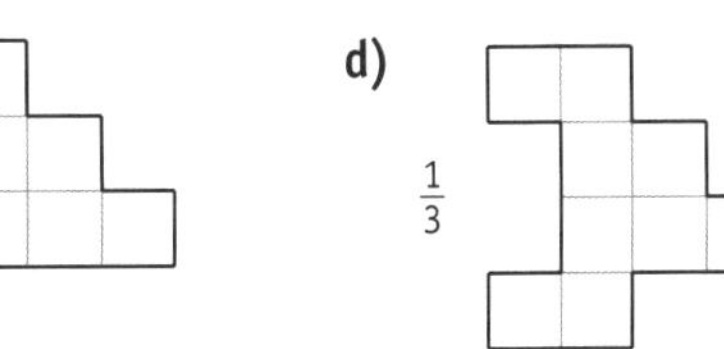

5. Trage die richtigen Begriffe ein!

/ 2

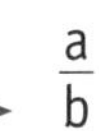

______ → $\frac{a}{b}$ ← ______

/ 24

LZK – TEST 18
Rechnen mit Prozenten

Testdauer: 20 min

/ 4

1. Johanna hat 5 % Preisnachlass bekommen und daher für eine Jacke nur 104,50 € bezahlt. Wie teuer war die Jacke ursprünglich?

/ 4

2. Von 720 Eintrittskarten wurden 90 % der Karten verkauft. Wie viele Karten sind das?

/ 4

3. Sophies Kinderzimmer ist 16 m^2 groß. Die gesamte Wohnung hat eine Wohnfläche von 80 m^2. Wie viel Prozent der Wohnfläche macht Sophies Kinderzimmer aus?

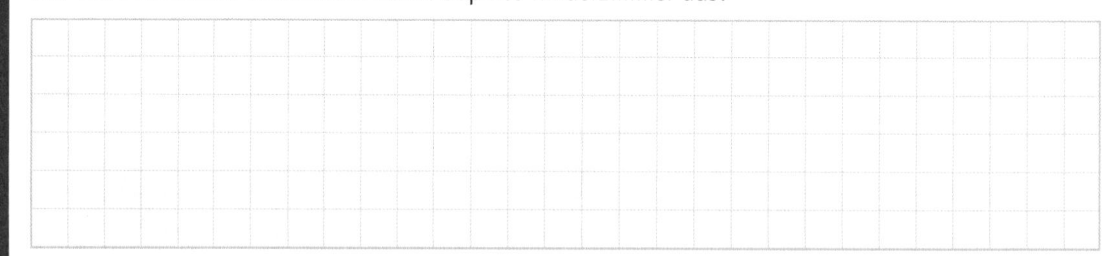

/ 4

4. Für ein Kapital von 2 250 € werden 5 % Zinsen gezahlt. Berechne die Zinsen nach einem Jahr!

/ 4

5. Ein Kapital von 5 550 € wird 8 Monate mit 7 % verzinst. Berechne die Zinsen!

/ 4

6. Ein Fahrrad kostet 259 €. Zum Preis kommen noch 20 % MwSt. dazu. Im Ausverkauf wird das Fahrrad wieder um 20 % verbilligt. Wie viel kostet es nun?

/ 24

Statistik

Testdauer: 20 min

Beim Domino Day 2009 sind 93,58 % aller aufgebauten Dominosteine umgefallen. Davon waren 1 311 624 Steine, das sind rund 29,2 %, weiß.

a) Wie viele Dominosteine waren nicht weiß?

/ 6

b) Wie viele Dominosteine wurden aufgebaut?

/ 6

c) Stelle die Prozentsätze der Dominosteine, die weiß, die nicht weiß bzw. die nicht umgefallen sind, in einem Prozentkreis dar! Berechne dazu zunächst die Zentriwinkel, die den Prozentsätzen entsprechen (100 % ≙ 360°)!

/ 12

/ 24

LZK – TEST 20
Winkel

Testdauer: 20 min

/ 6

1. Die Geraden g und h sind parallel. Wie groß sind die Winkel α, β und γ?

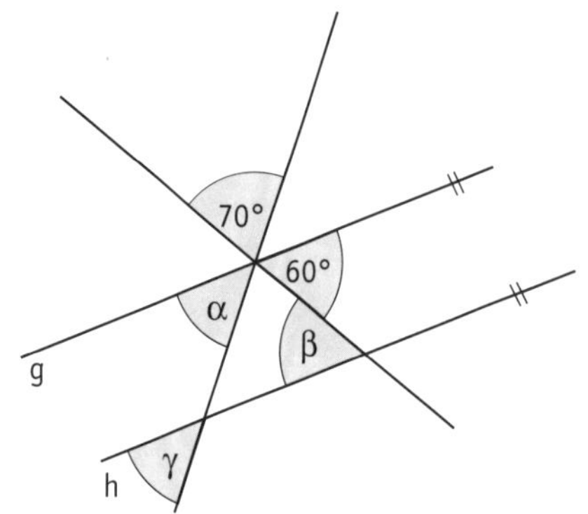

α = ________

β = ________

γ = ________

/ 6

2. Berechne jeweils die eingezeichneten Winkel!

a)

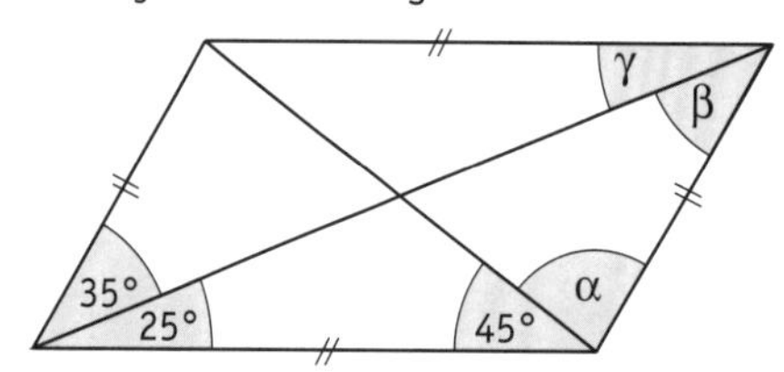

α = ________

β = ________

γ = ________

/ 6

b)

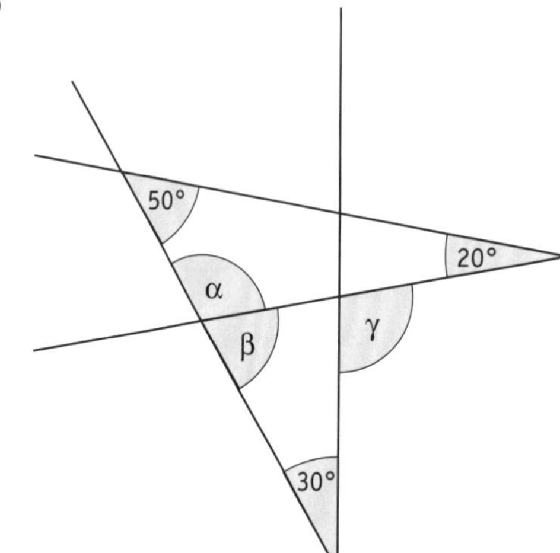

α = ________

β = ________

γ = ________

/ 3

3. Rechne in Minuten um und berechne!

a) 26° 18´ + 49° 31´ + 85° 03´ =

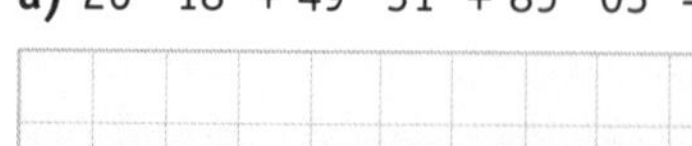

/ 3

b) 103° 48´ : 12 =

/ 24

LZK – TEST 21
Das Koordinatensystem

Testdauer: 20 min

1. Zeichne den Kreis k mit dem Mittelpunkt M(7|5) und dem Radius r = 3 cm!
Zeichne dann die Gerade g, die durch die Punkte A(1|4) und B(8|7) verläuft!
Gib die Schnittpunkte an, die die Gerade g mit dem Kreis k hat!

/ 12

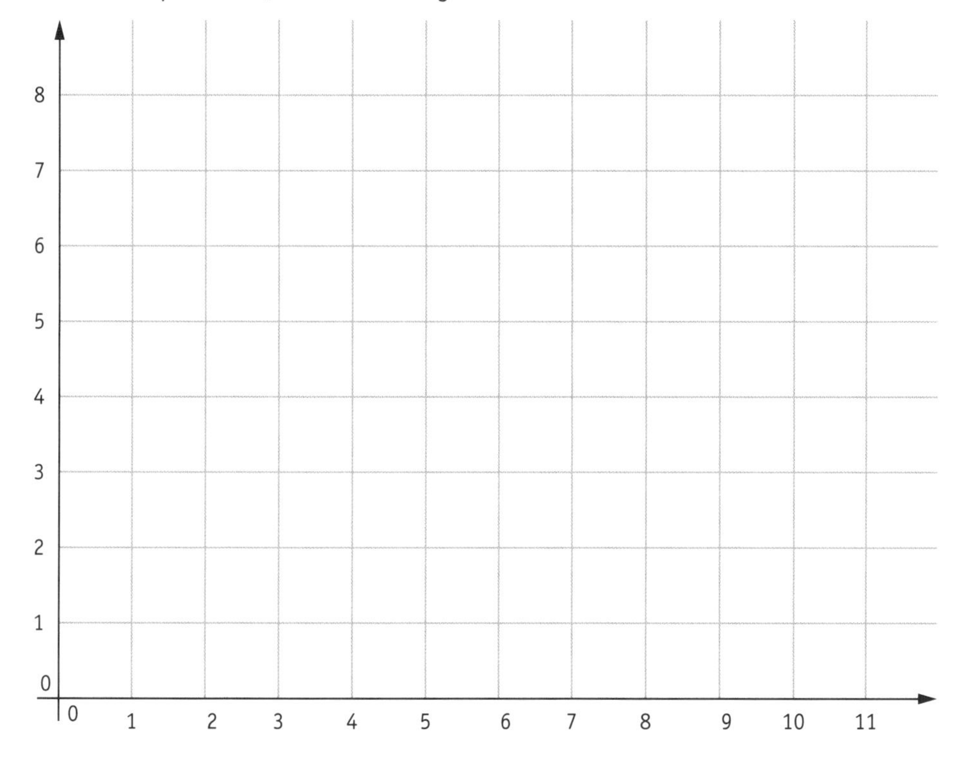

2. Der Punkt S(2|2) ist der Scheitel eines Winkels α. Der Schenkel a verläuft durch A(7|1), der Schenkel b durch B(8|6).

a) Miss die Größe des Winkels α!

b) Konstruiere zum Winkel α einen Parallelwinkel mit dem Scheitel in S_1(3|5)!

c) Konstruiere zum Winkel α einen Normalwinkel β mit dem Scheitel in S_2(8|2)! Gib die Größe des Normalwinkels β an!

/ 4

/ 4

/ 4

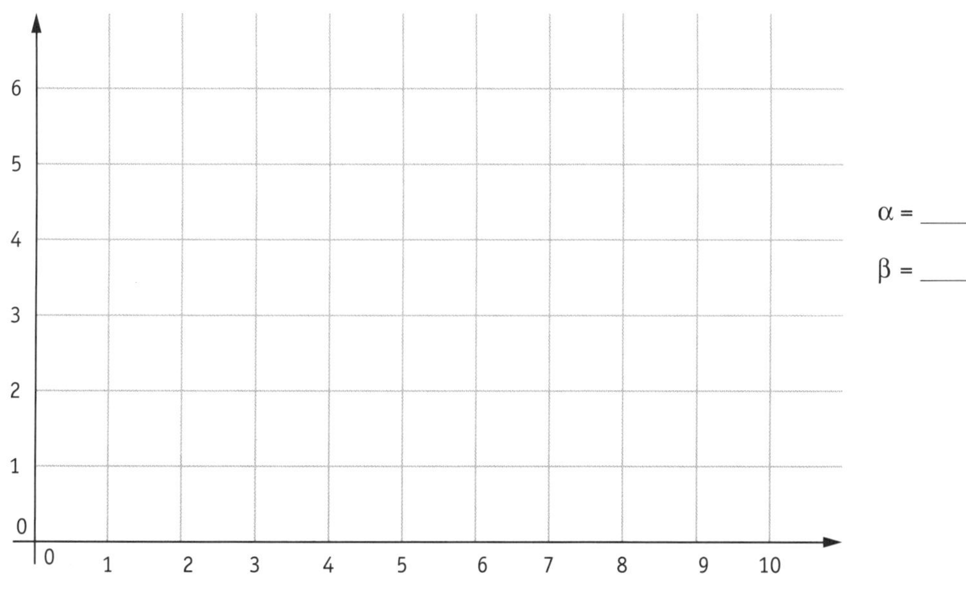

α = ___________

β = ___________

/ 24

LZK – TEST 22
Symmetrie

Testdauer: 20 min

/ 6

1. Ergänze zu einer symmetrischen Figur!

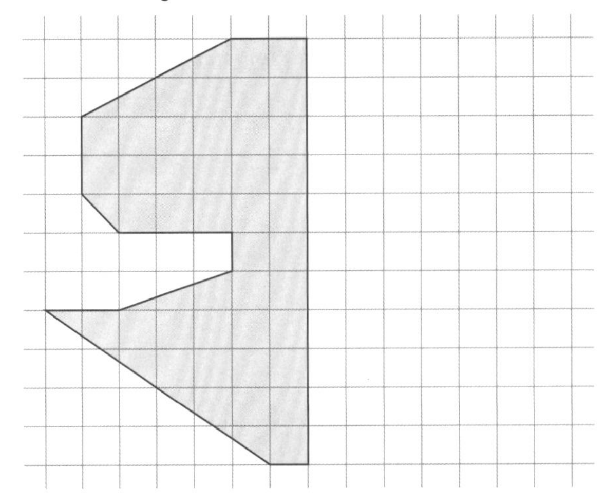

/ 9

2. Spiegle das Viereck ABCD [A(2,5|1), B(6|1,5), C(6|4), D(3|3)] an der Geraden g [G(1|0), H(4,5|3,5)] und gib die Koordinaten der gespiegelten Punkte an!

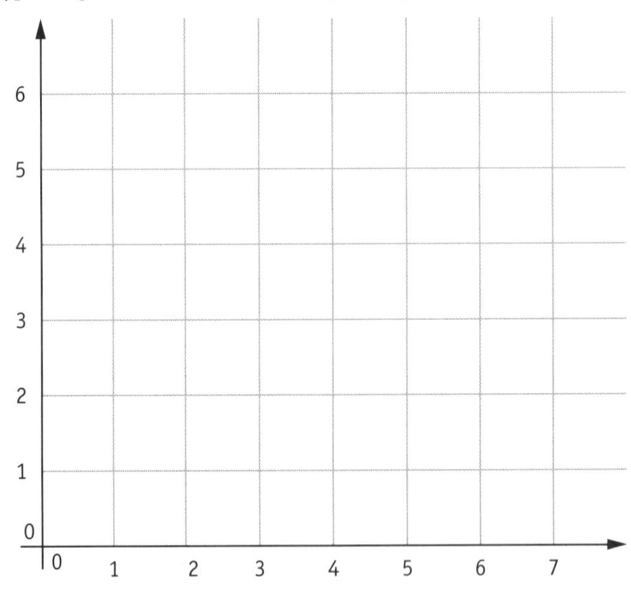

/ 9

3. Konstruiere die Winkelsymmetrale des folgenden Winkels!

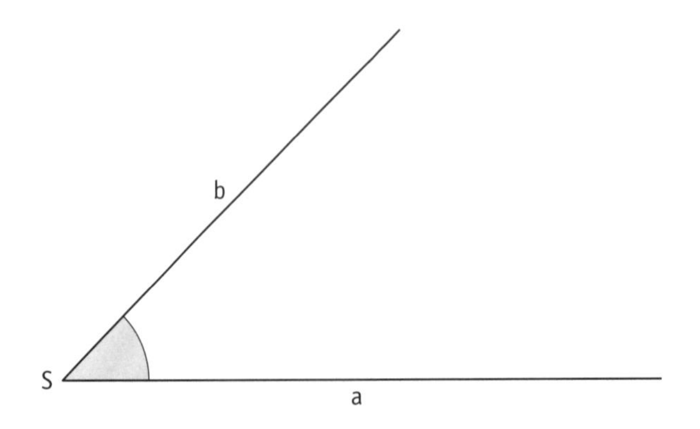

/ 24

LZK – TEST 23
Das Dreieck

Testdauer: 20 min

1. Auf der Innkreisautobahn musste der Noitsmühle-Tunnel errichtet werden.
Fertige eine Zeichnung im Maßstab 1 : 50 000 an, miss die Länge des Tunnels in deiner Zeichnung und gib seine Länge in Wirklichkeit an!

AG Kartografie, Wolfgang Thummerer

/ 12

2. Um die Breite eines Flusses zu bestimmen, wird auf einer Uferseite eine Standlinie $\overline{RL} = 150$ m abgesteckt. Von ihren Endpunkten werden die Winkel $\alpha = \sphericalangle BRL = 43°$ und $\beta = \sphericalangle BLR = 39°$ zu einem Baum auf der gegenüberliegenden Uferseite gemessen. Fertige eine Zeichnung in geeignetem Maßstab an und bestimme die Breite des Flusses!

/ 12

/ 24

LZK – TEST 24
Besondere Eigenschaften des Dreiecks

Testdauer: 20 min

/ 6

/ 9

/ 9

1. Zeichne im folgenden Dreieck die drei Höhen und den Höhenschnittpunkt rot ein!

2. Zeichne im folgenden Dreieck die drei Seitensymmetralen blau und die Schwerlinien gelb ein! Markiere den Umkreismittelpunkt und zeichne den Umkreis (soweit er Platz hat)!

3. Zeichne im folgenden Dreieck die Winkelsymmetralen grün und anschließend den Inkreis ein!

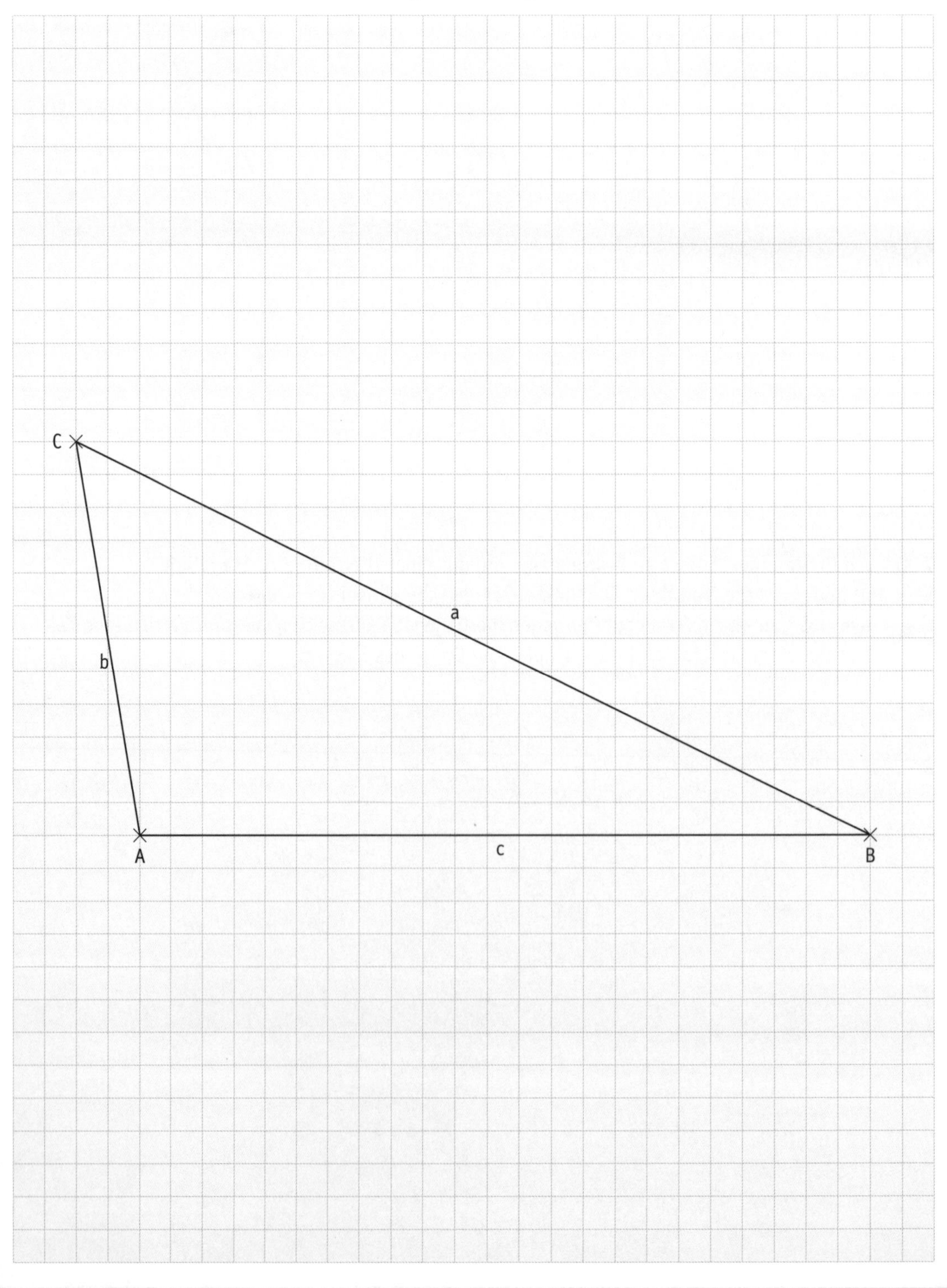

/ 24

Besondere Dreiecke

Testdauer: 20 min

1. Von einem gleichschenkligen Dreieck kennt man den Umfang u = 425 mm und die Länge eines Schenkels a = 135 mm. Berechne die Länge der Basis c und gib eine Formel für diese Berechnung an!

/ 6

2. Von einem gleichseitigen Dreieck kennt man den Umfang u = 348 mm. Berechne die Länge der Seite und gib eine Formel für diese Berechnung an!

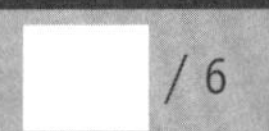

/ 6

3. Konstruiere das rechtwinklige Dreieck ABC (b = 7,2 cm, c = 8 cm, $\gamma = 90°$) mit Hilfe des Satzes von Thales und ermittle den Schwerpunkt!

/ 12

/ 24

LZK – TEST 26
Flächeninhalt des rechtwinkligen Dreiecks

Testdauer: 20 min

/ 12

1. Konstruiere das rechtwinklige Dreieck ABC ($\gamma = 90°$) mit $c = 8,4$ cm und $\beta = 49°$! Miss die Längen der Seiten a und b und berechne den Flächeninhalt des Dreiecks!

/ 7

2. Berechne den Flächeninhalt des Dreiecks, indem du rechtwinklige Dreiecke verwendest!

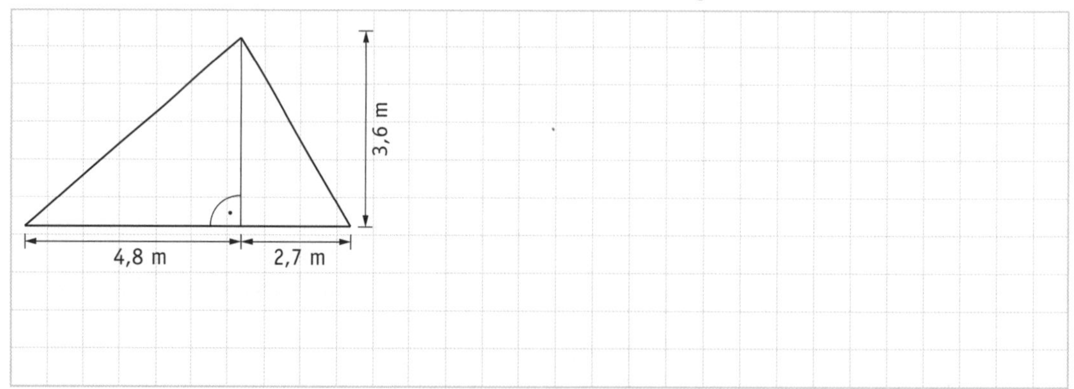

/ 5

3. Ein rechtwinkliges Dreieck hat 77,43 m^2 Flächeninhalt und eine 17,4 m lange Kathete b. Wie lang ist die zweite Kathete a?

/ 24

Das Parallelogramm

Testdauer: 20 min

/ 12

1. Konstruiere das Parallelogramm ABCD [a = 52 mm, f = 72 mm, δ = 60°]! Gib die Länge der Seite b in mm an!

2. Berechne den Flächeninhalt des Parallelogramms ABCD! (Maße in Meter!)

/ 6

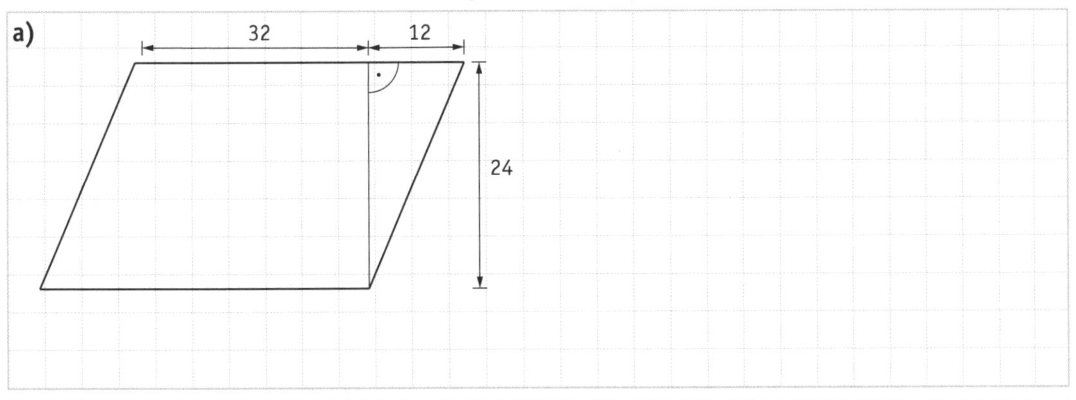

/ 6

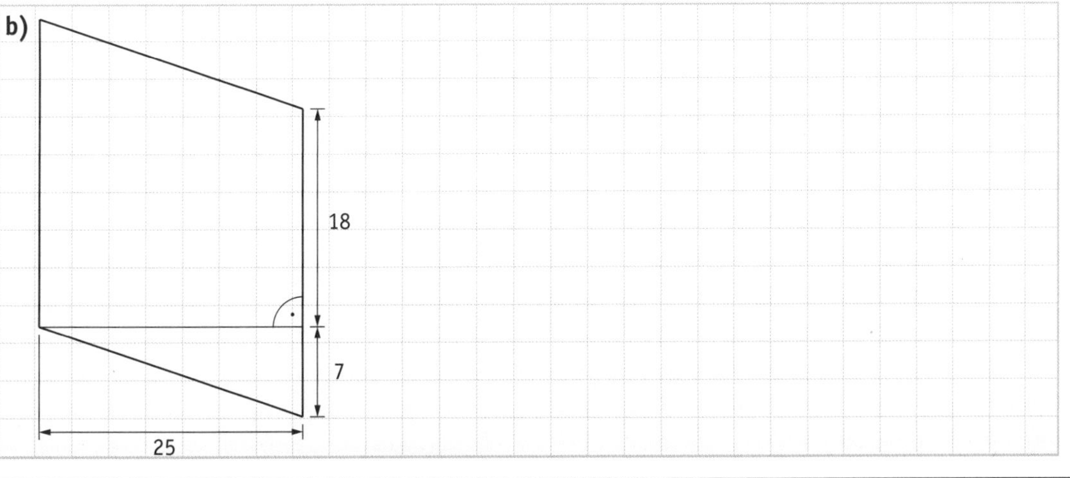

/ 24

LZK – TEST 28
Das Trapez

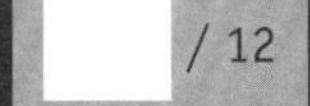

Testdauer: 20 min

/ 12

1. Zeichne das durch seine Eckpunkte A(1|2), B(8|2), C(5|6), D(3|6) gegebene Trapez! Berechne anschließend seinen Flächeninhalt!

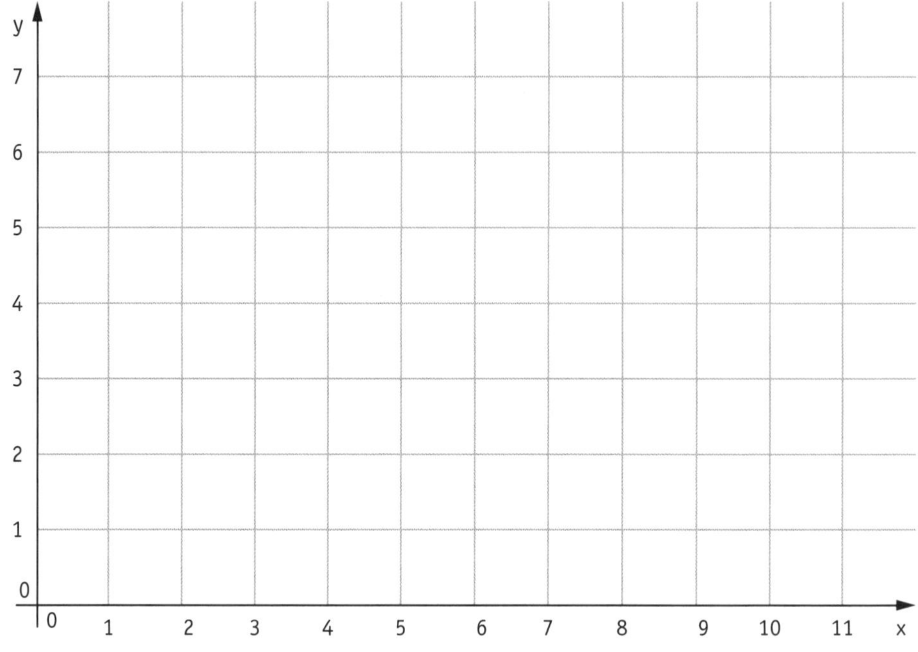

/ 12

2. Konstruiere das gleichschenklige Trapez ABCD [b = 4,2 cm, c = 3,8 cm, f = 7,5 cm]! Zeichne den Umkreis (so weit wie möglich) und gib den Umkreisradius an!

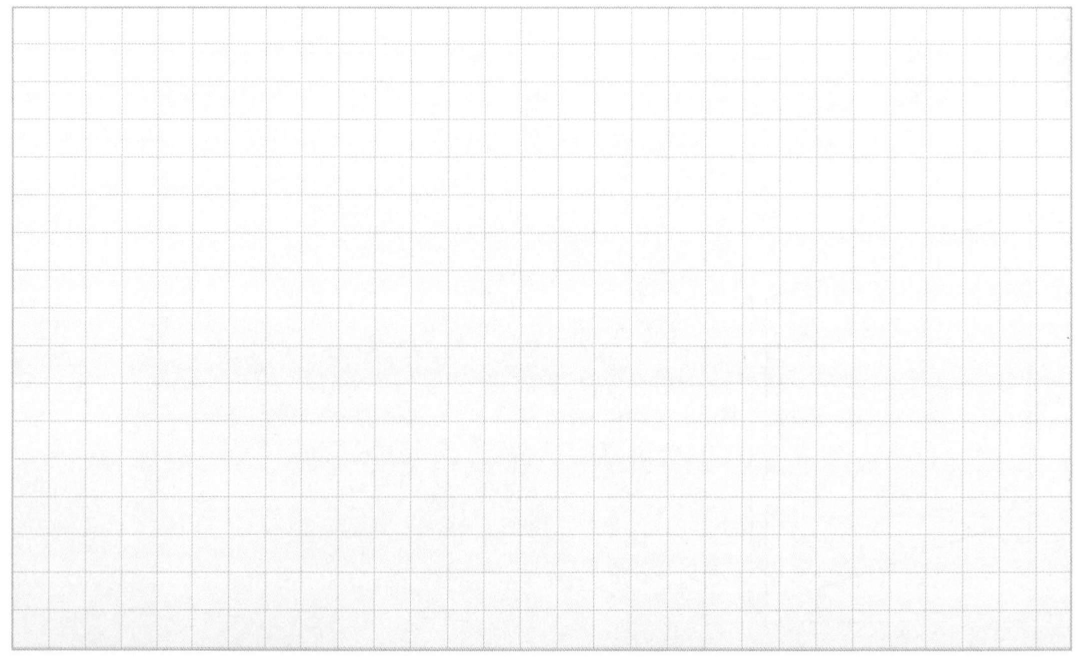

/ 24

Das Deltoid

Testdauer: 20 min

1. Martin möchte einen Drachen bauen. Zeichne den Drachen [b = 120 cm, e = 86 cm, δ = 110°] im Maßstab 1 : 20. Die Befestigung der Schnur soll von allen vier Seiten gleich weit entfernt sein. Konstruiere den Befestigungspunkt und gib den Abstand zur Seite in Wirklichkeit an!

/ 12

2. Zeichne das Deltoid ABCD [A(1|3), B(3|1), C(8|3),D]. Gib die Koordinaten des Eckpunkts D an und berechne den Flächeninhalt!

/ 12

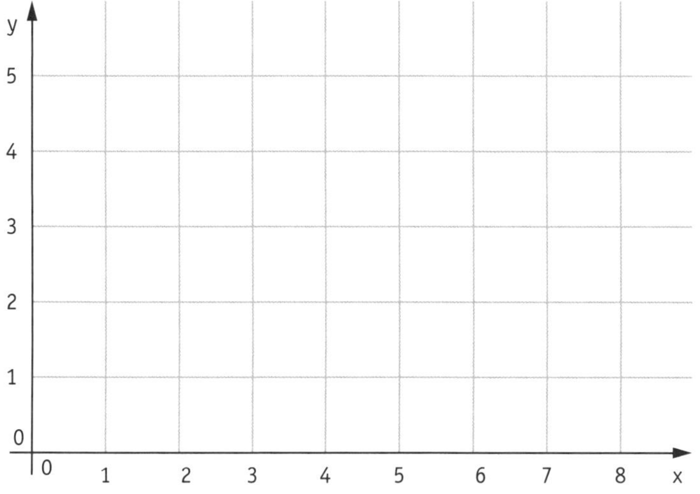

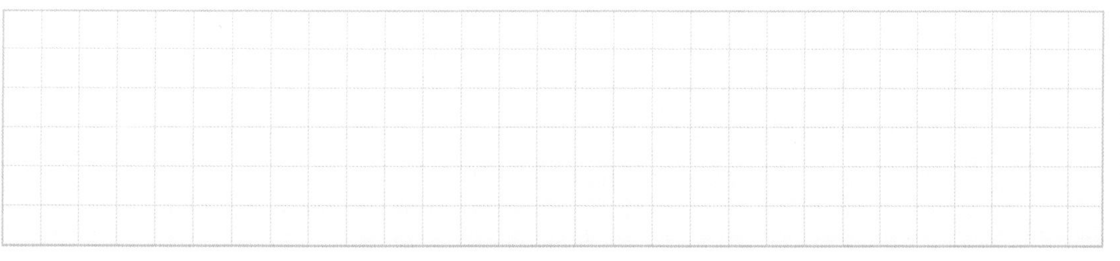

/ 24

LZK – TEST 30
Allgemeines Viereck

Testdauer: 20 min

/ 8

1. Konstruiere das Viereck mit b = 4,9 cm, c = 5,2 cm, d = 4,1 cm, γ = 107° und δ = 95°! Gib die Länge der Seite a an!

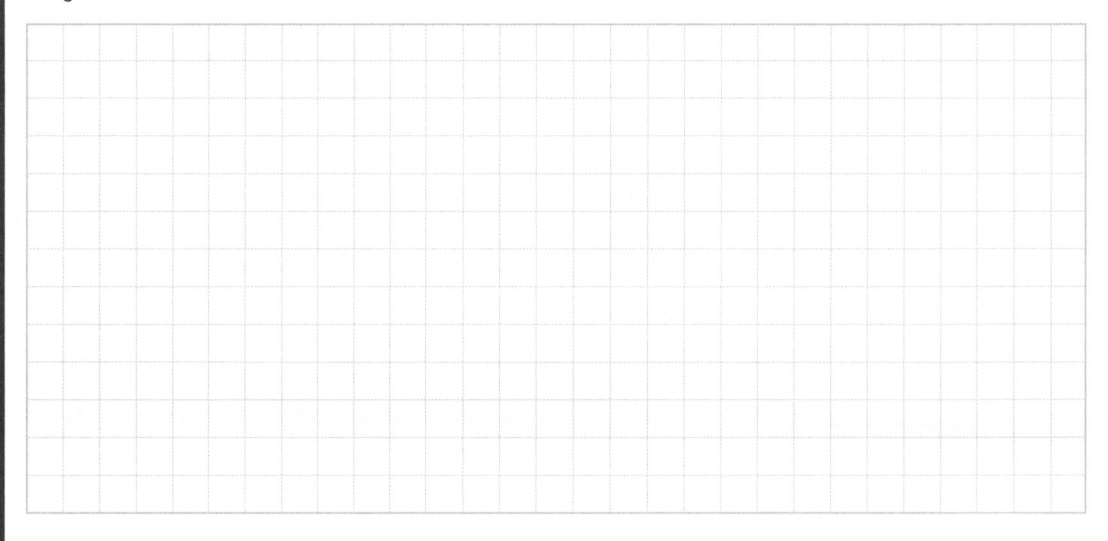

/ 12

2. Zeichne das durch seine Eckpunkte A(1|5), B(4|1), C(8|2) und D(6|6) gegebene Viereck ins Koordinatensystem und berechne seinen Flächeninhalt!

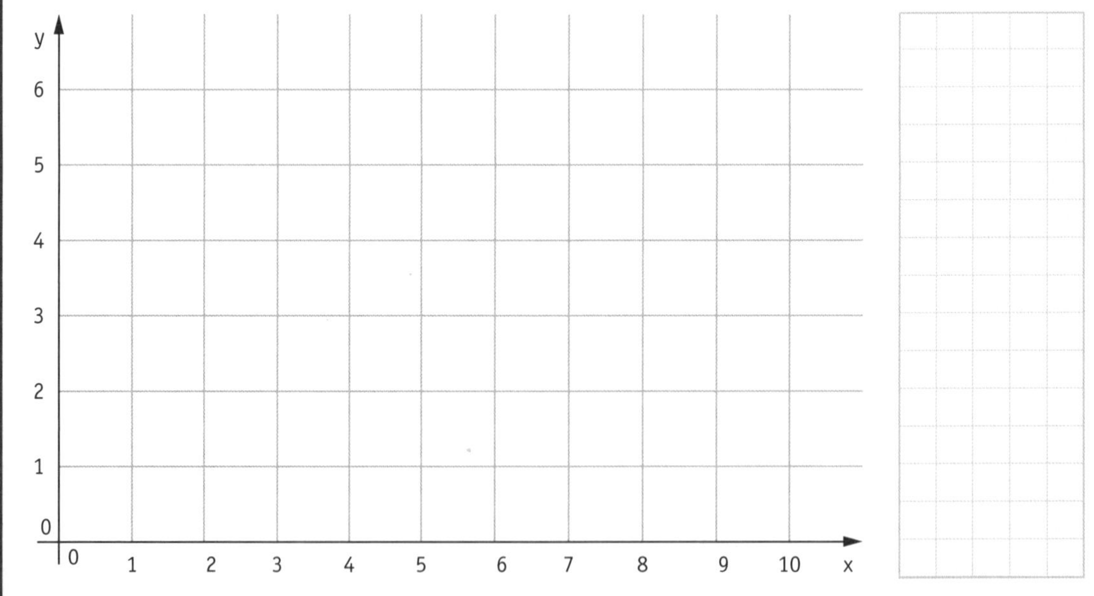

/ 4

3. a) Welche Vierecke haben Diagonalen, die einander halbieren?

b) Welche Vierecke haben zwei Paare gleich großer Winkel?

c) Welche Vierecke haben zueinander parallele Seiten?

d) Welche Vierecke haben zwei Paare gleich langer Seiten?

/ 24

LZK – TEST 31
Das Prisma

Testdauer: 20 min

1. Vervollständige die gezeichneten Linien zu einem Quader!

a)

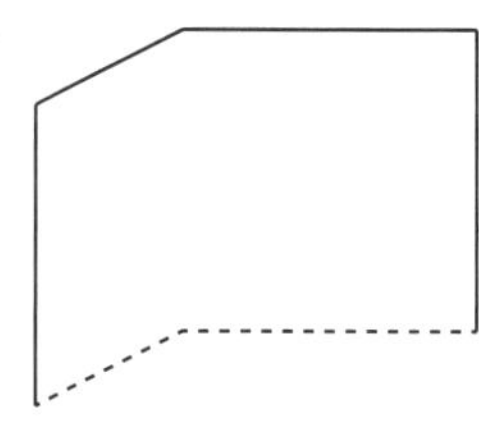

b)

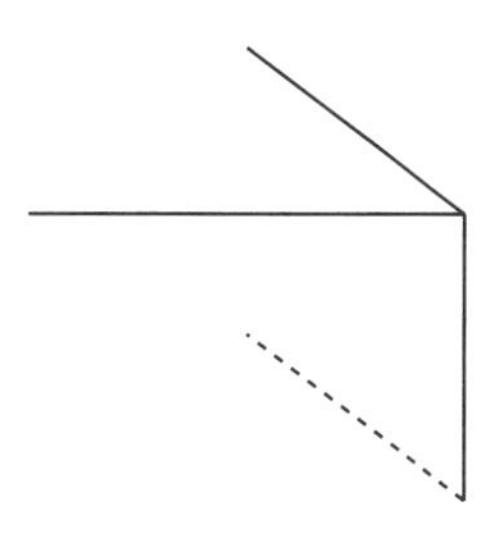

/ 8

2. Konstruiere das Netz und berechne die Oberfläche eines Quaders mit a = 2 cm, b = 1,5 cm und c = 2,5 cm!

/ 12

3. Berechne die Mantelfläche eines regelmäßigen fünfseitigen Prismas mit der Grundkante a = 3 cm und der Körperhöhe h = 5 cm!

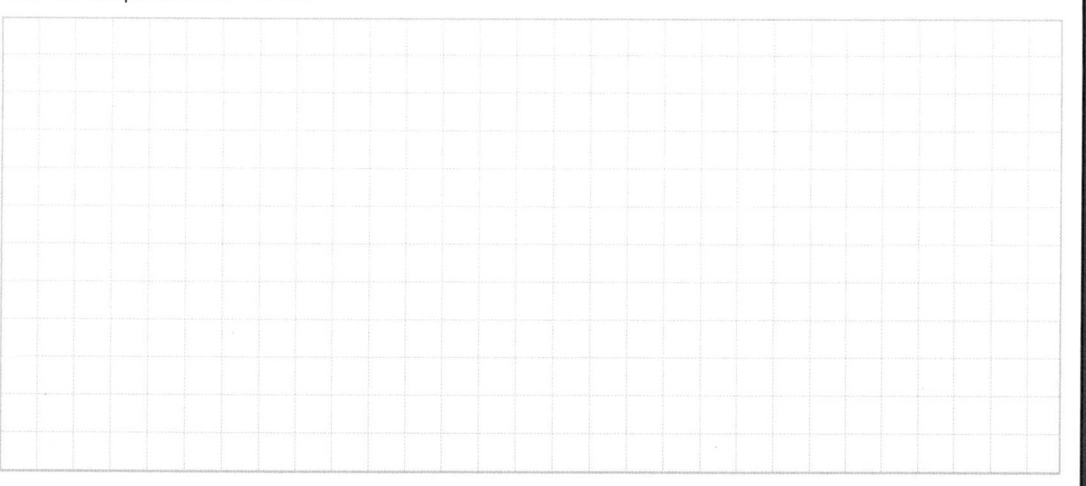

/ 4

/ 24

LZK – TEST 32
Das Prisma - Rauminhalt

Testdauer: 20 min

/ 4

1. Für den Bau eines Einfamilienhauses wird Erde für den Keller ausgehoben.

a) Wie viel m^3 Erde muss ausgehoben werden?

/ 2

b) Wie oft fährt ein Baufahrzeug, wenn jeweils 9 m^3 abtransportiert werden können?

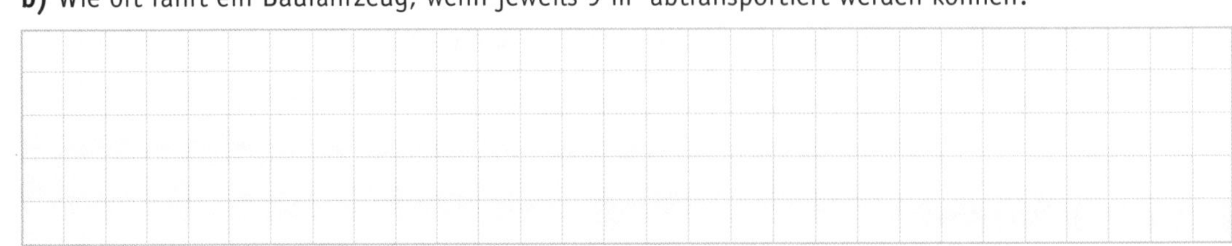

/ 6

2. Welches Volumen hat ein Prisma mit rechtwinklig dreieckiger Grundfläche mit $a = 24{,}2$ cm, $b = 15{,}9$ cm, $\gamma = 90°$ und $h = 35$ cm?

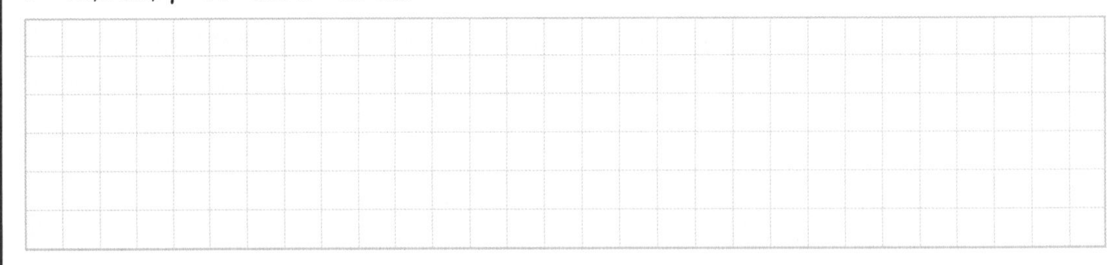

/ 6

3. Ein Gefäß (siehe Skizze) ist bis zum Rand mit Wasser gefüllt.

a) Wie viel Liter Wasser befinden sich im Gefäß?

/ 6

b) Wie viel cm über dem Boden des Gefäßes muss die 1-Liter-Markierung angebracht werden?

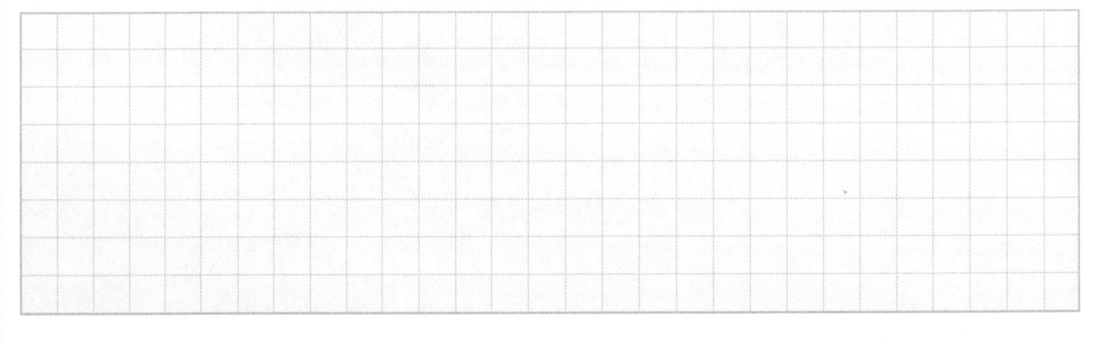

/ 24

SCHULARBEIT 1

Testdauer: 50 min

Stoffgebiete: Wiederholung der 4 Grundrechnungsarten und Maßangaben, Teilbarkeit natürlicher Zahlen, Rechteck & Quadrat, Quader, Winkel

1. a) Berechne in kg!

7 kg 86 dag + 5 kg 18 dag 7 g 2 dg : (359 g – 3 dag · 1 kg 30 dag) =

/ 6

b) Rechne in die angegebene Einheit um!

/ 4

2 m^3 =	______	hl	3 hl =	______	m^3
0,3 dl =	______	l	2,5 l =	______	cl
20 cm^3 =	______	l	39 ml =	______	dm^3
3 ml =	______	l	0,2 hl =	______	cm^3

2. a) Setze das richtige Zeichen „∣" bzw. „∤" ein!

/ 4

4 ____ 36	3 ____ 35	2 ____ 5 456	9 ____ 153
8 ____ 82	11 ____ 111	5 ____ 6 740	10 ____ 9 691

b) Gib die Teilermenge T_{35} im aufzählenden Verfahren an!

T_{35} = {______________________________

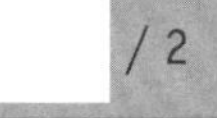

/ 2

/ 6

3. Ermittle den größten gemeinsamen Teiler (ggT) und das kleinste gemeinsame Vielfache (kgV) der Zahlen 2 520 und 3 600!

ggT(2 520, 3 600) = ______________________________

kgV(2 520, 3 600) = ______________________________

/ 6

4. a) Von einem Rechteck kennt man die Länge der Seite a = 12,7 dm und den Umfang u = 6 m. Berechne **(1)** die Länge der Seite b, **(2)** den Flächeninhalt A des Rechtecks!

b) Ein Schwimmbecken ist 8,5 m lang, 3 m breit und 1,75 m tief. Berechne, wie viel hl Wasser zur Füllung erforderlich sind, wenn der Wasserspiegel bis 15 cm unter den oberen Beckenrand reicht! Wie lange dauert das Füllen des Beckens, wenn in 1 Minute 300 Liter Wasser zufließen?

/ 6

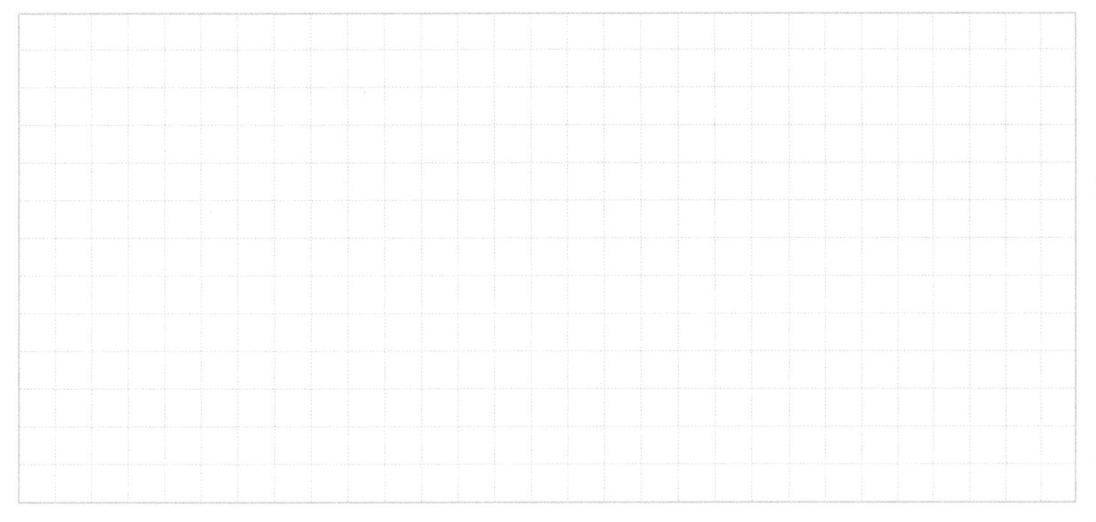

c) Gib je eine Formel für den Umfang und den Flächeninhalt des gefärbten Rechtecks an!

/ 2

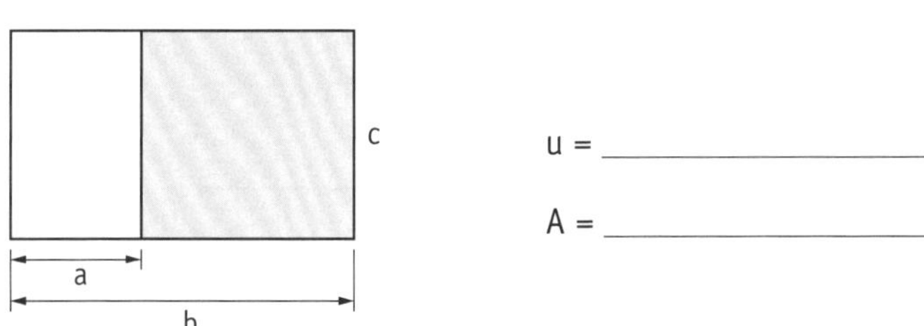

u = ____________________

A = ____________________

5. a) Konstruiere $\alpha = 135°$ ohne Winkelmesser durch Addieren bzw. Halbieren geeigneter Winkel!

/ 6

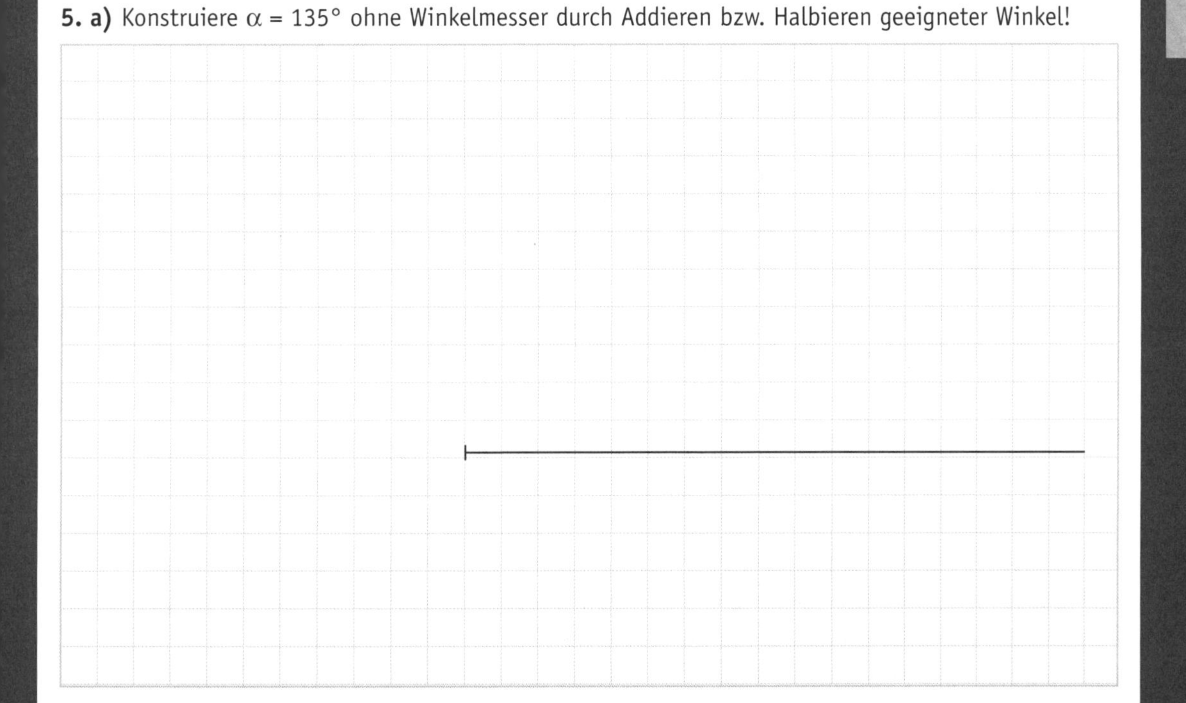

/ 6

b) Der Punkt S(3|1) ist der Scheitel eines Winkels α. Der Schenkel a verläuft durch A(6|3), der Schenkel b durch B(1|7). Gib die Größe des Winkels α an! Konstruiere zum Winkel α einen Parallelwinkel mit Scheitel in S_1(5|4)!

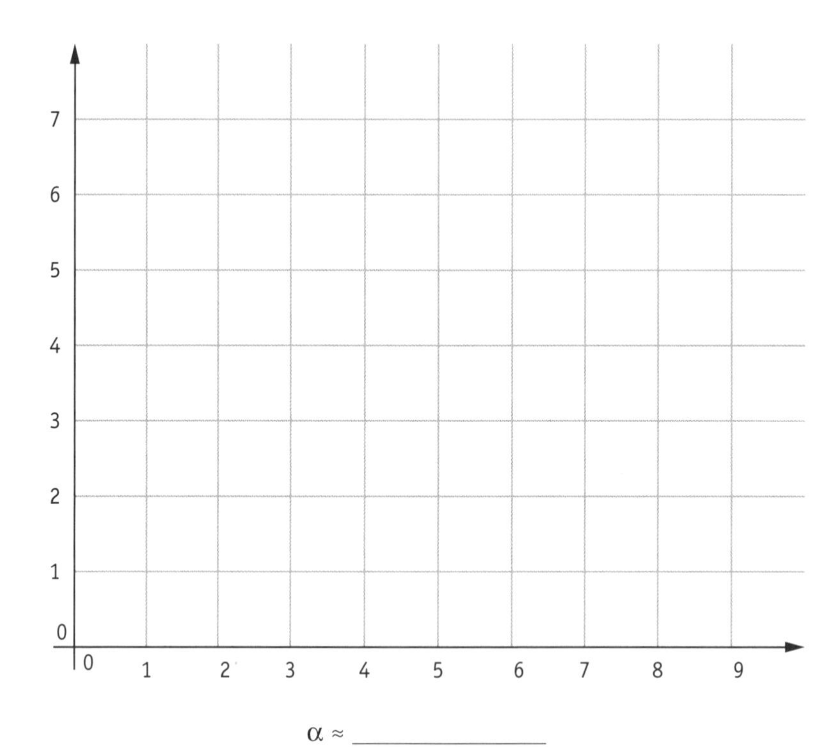

α ≈ ____________

/ 48

SCHULARBEIT 2

Stoffgebiete: Wiederholung der 4 Grundrechnungsarten und Maßangaben, Teilbarkeit natürlicher Zahlen, Rechteck & Quadrat, Quader & Würfel, Bruchzahlen, Winkel, Koordinatensystem, Symmetrie

1. a) Berechne in kg!

62 kg 34 dag – 40 kg 25 dag : (280 g + 1 kg 5 dag · 50 dag) =

/ 6

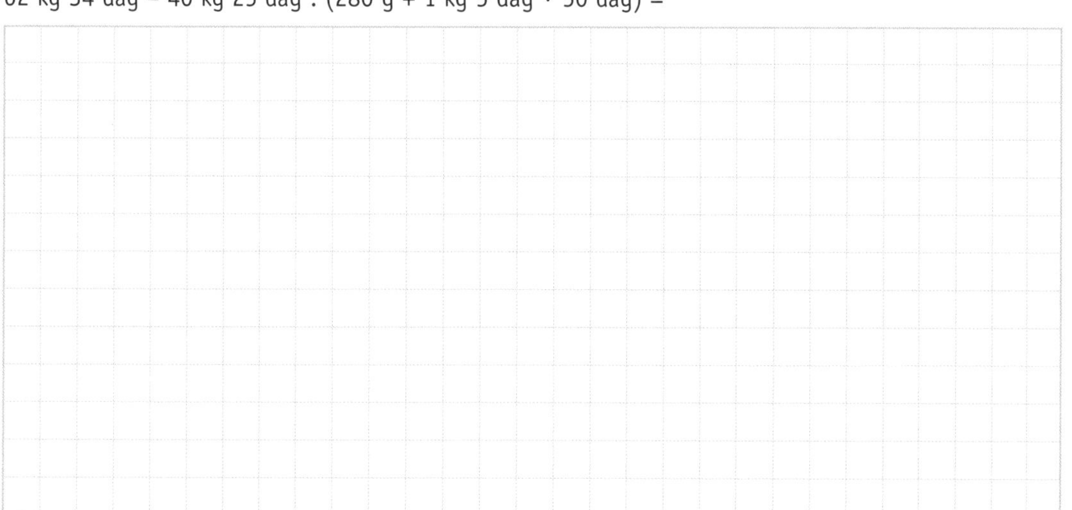

b) Rechne in die angegebene Einheit um!

/ 4

2 hl = ______________ m^3 1,03 ml= ______________ l

0,03 dl = ______________ l 0,003 l = ______________ cl

4 cm^3 = ______________ l 400 ml = ______________ dm^3

5 l = ______________ m^3 0,05 hl = ______________ cm^3

2. Ermittle den größten gemeinsamen Teiler (ggT) und das kleinste gemeinsame Vielfache (kgV) der Zahlen 1 254 und 5 225!

/ 6

ggT(1 254, 5 225) = ______________

kgV(1 254, 5 225) = ______________

/ 14

3. a) Schreibe als gemischte Zahl!

$\frac{53}{8}$ = ____________ $\frac{85}{9}$ = ____________

b) Schreibe als unechten Bruch!

$5\frac{3}{5}$ = ____________ $3\frac{7}{8}$ = ____________

c) Schreibe als Dezimalzahl!

$\frac{3}{8}$ = ____________ $\frac{4}{5}$ = ____________

d) Schreibe als echten bzw. unechten Bruch an!

$1,\dot{3}$ = ____________ $3,\dot{1}\dot{7}$ = ____________

e) $\frac{3}{5}$ von 10 m^3 = ______________________________

18 km sind $\frac{3}{4}$ von wie viel km? ______________________________

f) Erweitere auf den gegebenen Nenner!

$\frac{1}{4} = \frac{\square}{48}$ $\frac{7}{5} = \frac{\square}{15}$

g) Kürze die folgenden Brüche so weit wie möglich!

$\frac{16}{24}$ = ____________ $\frac{12}{20}$ = ____________

/ 7

4. a) Von einem Rechteck kennt man die Länge der Seite b = 8 dm und den Flächeninhalt A = 2,5 m^2. Berechne **(1)** die Länge der Seite a, **(2)** den Umfang des Rechtecks!

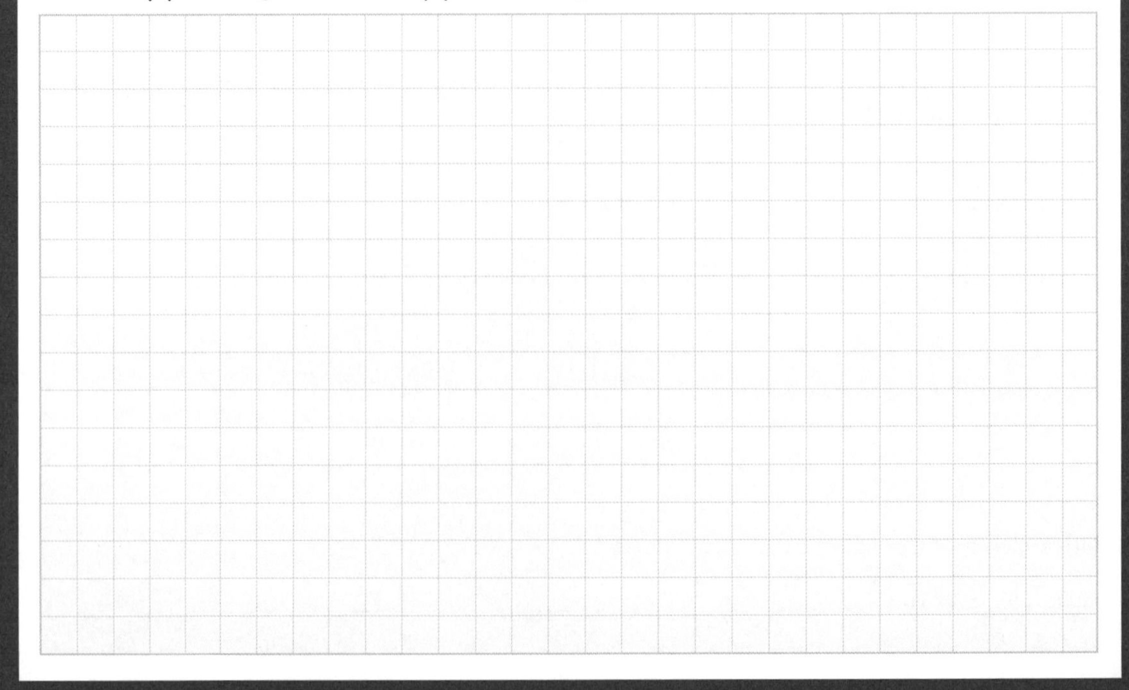

b) Ein Schwimmbecken fasst 1 200 m^3 Wasser. Wie oft könnte man aus vollen 10-Liter-Kübeln hineinschütten? Wie viele Badewannen mit 300 Liter Inhalt ließen sich damit füllen?

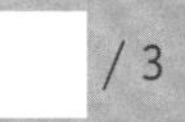

5. a) Zeichne einen Winkel mit α = 150° mit Winkelmesser und halbiere ihn anschließend ohne Winkelmesser!

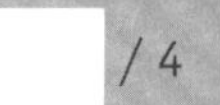

b) Zeichne die Strecke AB mit A(1|0,5) und B(4|3,5). Konstruiere ihre Streckensymmetrale! Gib die Koordinaten des Halbierungspunktes H der Strecke an!

/ 4

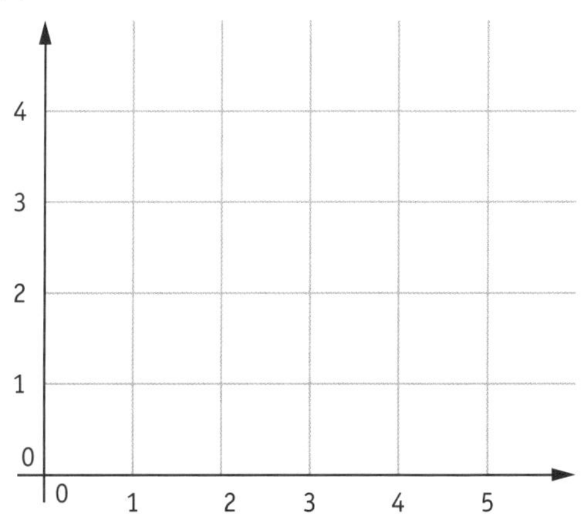

H(|)

/ 48

SCHULARBEIT 3

Testdauer: 50 min

Stoffgebiete: Bruchzahlen, Winkel, Koordinatensystem, Symmetrie, das Dreieck

/ 14

1. a) Schreibe als gemischte (gekürzte) Zahl!

$\frac{58}{9}$ = ____________ $\frac{63}{6}$ = ____________

b) Schreibe als unechten Bruch!

$7\frac{1}{9}$ = ____________ $5\frac{3}{4}$ = ____________

c) Schreibe als Dezimalzahl!

$\frac{14}{90}$ = ____________ $\frac{2}{999}$ = ____________

d) Schreibe als unechten Bruch an!

$4,\dot{8}$ = ____________ $2,\dot{0}\dot{3}$ = ____________

e) 3 240 hl sind $\frac{3}{4}$ von wie viel hl? ______________________

$\frac{2}{7}$ von 700 € = ______________________

f) Erweitere auf den gegebenen Nenner!

$\frac{3}{5} = \frac{\square}{80}$ $\frac{7}{12} = \frac{\square}{96}$

g) Kürze die folgenden Brüche so weit wie möglich!

$\frac{108}{144}$ = ____________ $\frac{420}{672}$ = ____________

/ 4

2. Eine Stadt hat rund 52 500 Einwohner.
a) Rund 1 890 Einwohner gehen noch zur Schule. Gib den relativen Anteil an der Einwohnerzahl der gesamten Stadt als gekürzten Bruch und in Prozent an!

/ 5

b) Rund $\frac{2}{5}$ dieser Einwohner besitzen ein Auto. Rund wie viele Einwohner sind das?
Rund wie viel Prozent sind das?

3. a) Berechne die Größe des dritten Winkels α eines rechtwinkligen Dreiecks ($\gamma = 90°$) mit $\beta = 38°$!

/ 3

b) Konstruiere das Dreieck ABC [a = 450 m, b = 275 m, $\alpha = 140°$] im Maßstab 1 : 5 000! Gib die Länge der dritten Seite und den Umfang des Dreiecks in Wirklichkeit an!

/ 9

4. Beschrifte die folgenden Dreiecke vollständig (Eckpunkte, Seiten, Winkel)!

a) Zeichne in das gegebene Dreieck alle drei Winkelsymmetralen, den Inkreisradius sowie den Inkreis ein!

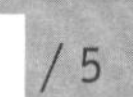

/ 5

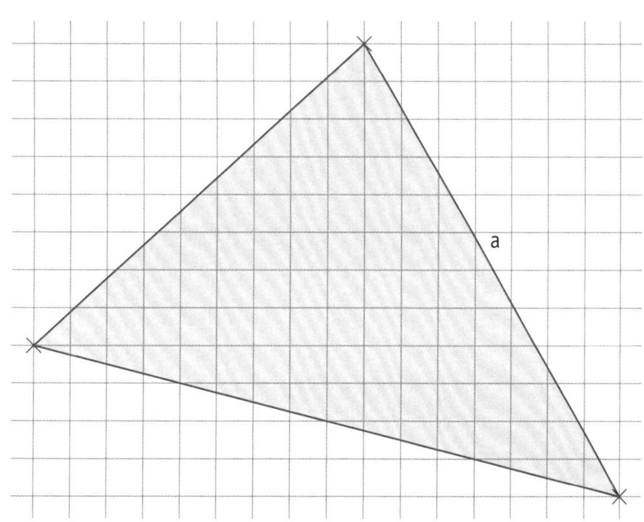

/ 5

b) Konstruiere im folgenden Dreieck den Umkreismittelpunkt sowie den Schwerpunkt!

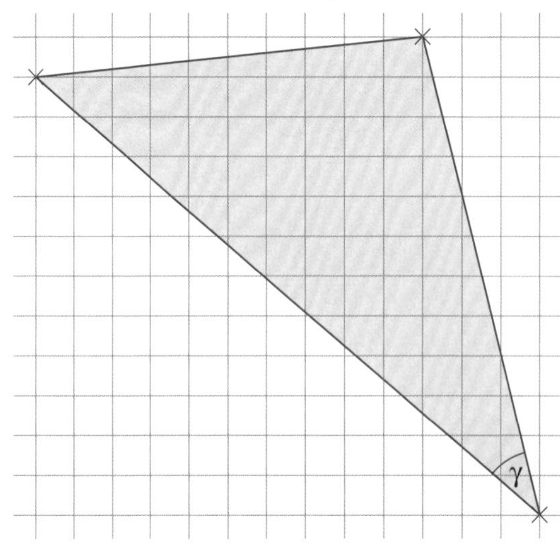

/ 3

c) Zeichne im folgenden Dreieck die drei Höhen und den Höhenschnittpunkt ein!

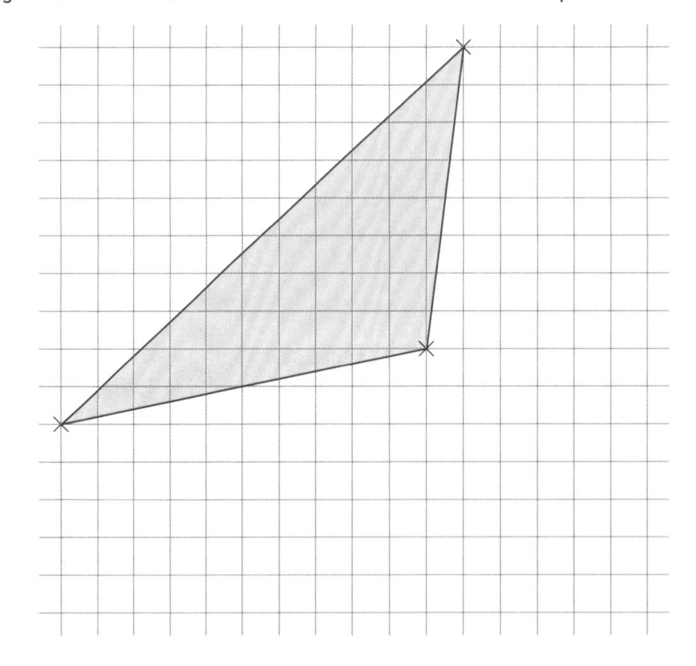

/ 48

SCHULARBEIT 4

Testdauer: 50 min

Stoffgebiete: Bruchrechnen, das Dreieck, Flächeninhalt des rechtwinkligen Dreiecks

1. a) Von einer $3\frac{1}{2}$ m langen Holzleiste werden $1\frac{3}{5}$ m abgeschnitten. Wie viel verbleibt? / 3

b) Eine Weinflasche enthält $\frac{7}{10}$ l Wein. Bei einem Fest werden 9 Flaschen verbraucht. Wie viel Liter sind das? / 3

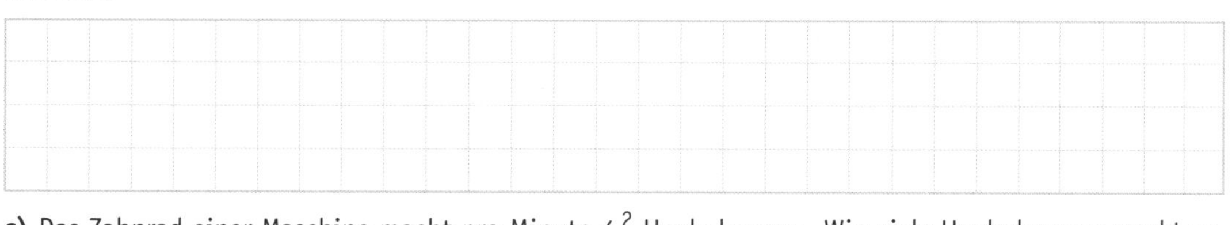

c) Das Zahnrad einer Maschine macht pro Minute $4\frac{2}{3}$ Umdrehungen. Wie viele Umdrehungen macht es in $1\frac{1}{2}$ Stunden? / 3

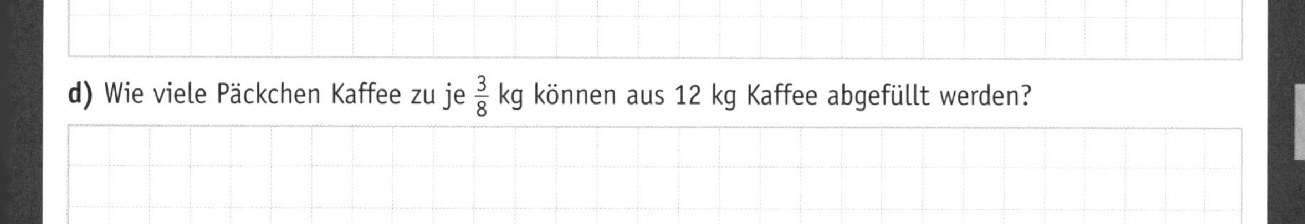

d) Wie viele Päckchen Kaffee zu je $\frac{3}{8}$ kg können aus 12 kg Kaffee abgefüllt werden? / 3

2. Berechne in Bruchform! / 8

$$\frac{\left(3\frac{1}{4}-\frac{4}{5}\right):\left(\frac{11}{30}+\frac{1}{3}\right)}{\frac{2\frac{1}{2}}{2\frac{1}{4}}+\frac{1}{3}-\frac{2\frac{1}{4}}{2\frac{1}{2}}}=$$

/ 12

3. Auf einem dreieckigen Platz ABC ($\overline{AB}$ = 75 m, $\overline{BC}$ = 69 m, $\sphericalangle ACB$ = 40°) soll ein Brunnen errichtet werden. Fertige einen Plan im Maßstab 1 : 1 500 an. Konstruiere jene Stelle, die von den drei Seiten des Platzes gleich weit entfernt ist, und gib diese Entfernung an!

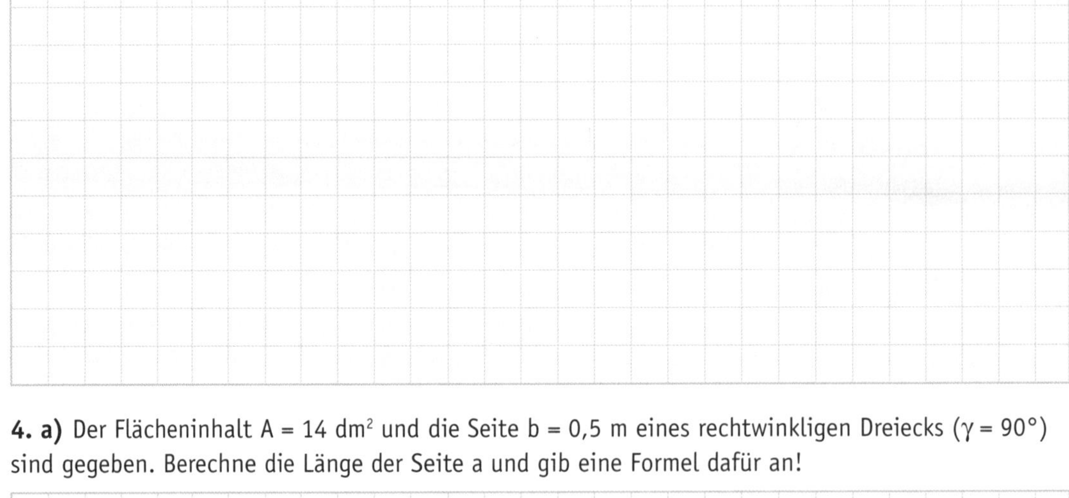

/ 6

4. a) Der Flächeninhalt A = 14 dm^2 und die Seite b = 0,5 m eines rechtwinkligen Dreiecks (γ = 90°) sind gegeben. Berechne die Länge der Seite a und gib eine Formel dafür an!

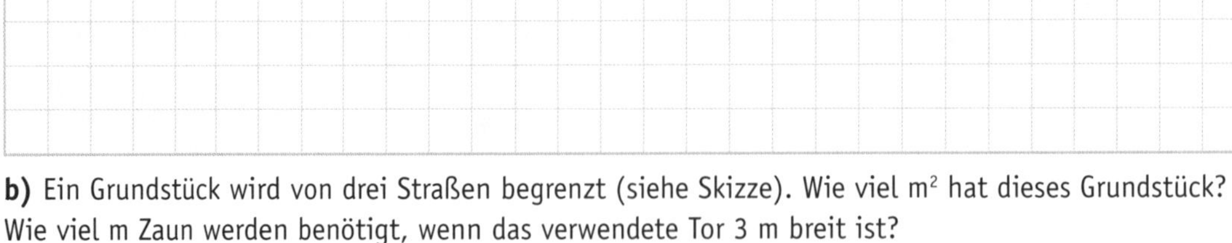

/ 6

b) Ein Grundstück wird von drei Straßen begrenzt (siehe Skizze). Wie viel m^2 hat dieses Grundstück? Wie viel m Zaun werden benötigt, wenn das verwendete Tor 3 m breit ist?

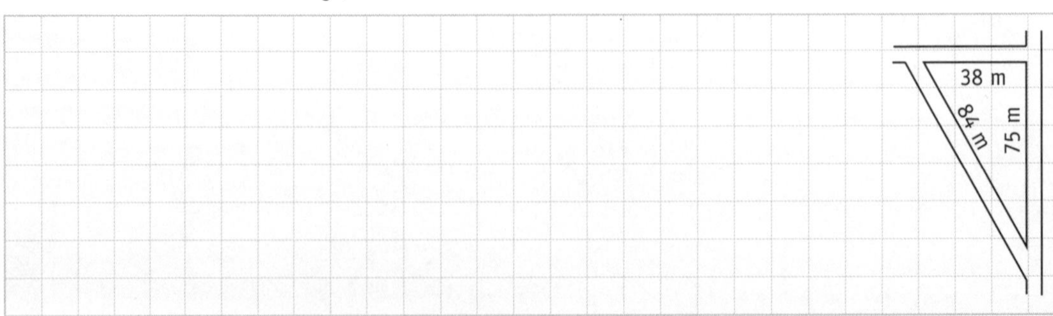

/ 4

c) Stelle eine Formel für den Flächeninhalt auf!

p
r
q

/ 48

SCHULARBEIT 5

Testdauer: 50 min

Stoffgebiete: Gleichungen und Formeln, Rechnen mit Brüchen, das Dreieck, Vierecke (inkl. Flächeninhalt)

1. Löse die Gleichungen!

a) $2\frac{2}{3} - a = 2\frac{5}{9}$ / 3

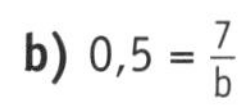

b) $0{,}5 = \frac{7}{b}$ / 2

c) $c + 4 \cdot c = 12$ / 2

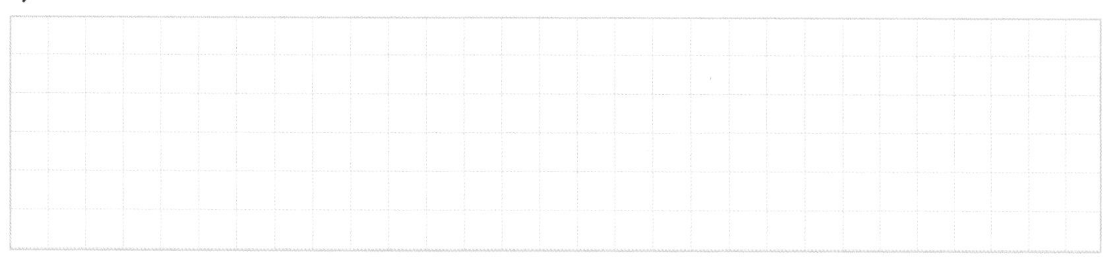

d) $(4 + 2 \cdot d) \cdot \frac{1}{7} = 2$ / 3

/ 5

2. Wenn man zum Drittel einer Zahl 25 addiert, erhält man dasselbe Ergebnis, wie wenn man vom Doppelten dieser Zahl 25 subtrahiert.
Gib den Text in Form einer Gleichung an und löse sie! Wie lautet die Zahl?

/ 6

3. Berechne ohne Taschenrechner!

a) $\left(3\frac{1}{6} - 1\frac{2}{7}\right) \cdot 8\frac{2}{5} + \left(4\frac{1}{2} + 2\frac{2}{9}\right) : \frac{2}{9} =$

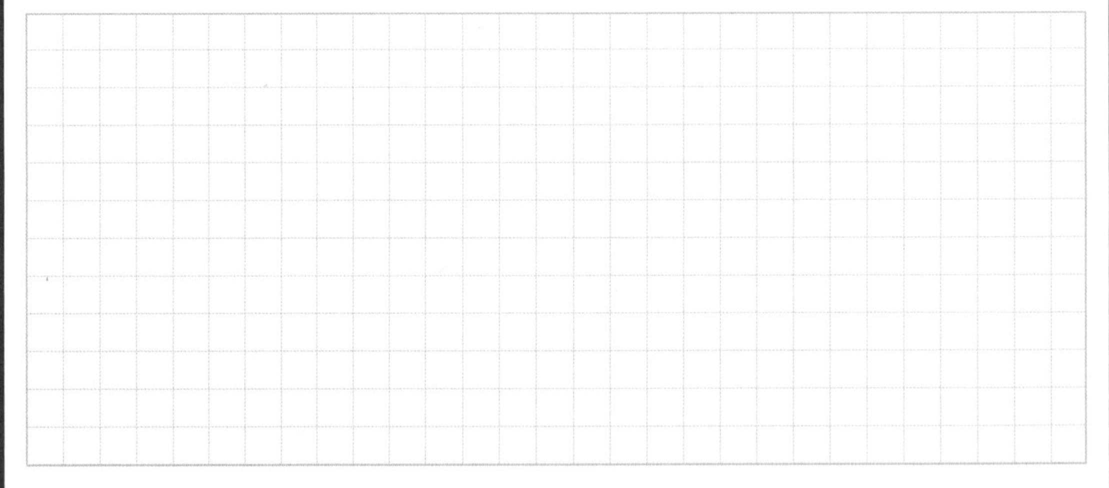

/ 4

b) $5\frac{2}{3} - \left(3\frac{2}{5} - 2\frac{7}{10}\right) : \left(2\frac{2}{5} - 1\frac{1}{2}\right) =$

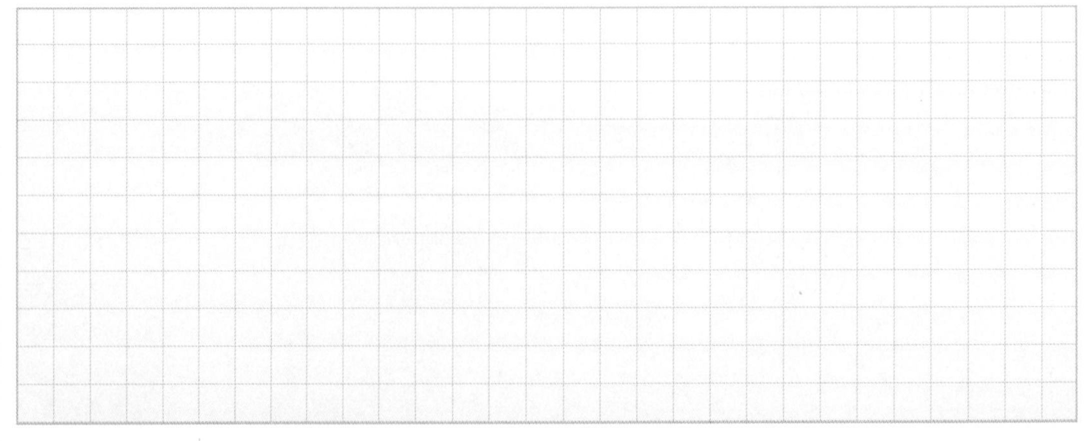

4. a) Konstruiere mit Hilfe des Satzes von Thales das rechtwinklige Dreieck ($\gamma = 90°$) mit $c = 8,4$ cm und $\beta = 63°$! Gib die Längen der Seiten a und b an!

/ 3

b) Ein rechtwinkliges Dreieck hat einen Flächeninhalt von $A = 12,58\ m^2$. Die Länge einer Kathete beträgt $a = 6,8$ m. Berechne die Länge der zweiten Kathete! Gib eine Formel zur Berechnung von b an!

/ 4

c) Beantworte folgende Fragen!

(1) Welche Vierecke haben gleich lange Diagonalen?

(2) Bei welchen Vierecken stehen die Diagonalen normal aufeinander?

(3) Nenne alle dir bekannten Vierecke mit nur einem Paar gleich großer Winkel!

/ 3

/ 8

5. a) Konstruiere das Trapez ABCD aus den gegebenen Bestimmungsstücken a = 75 mm, f = 100 mm, α = 119°, β = 124° und gib die Länge der Seite c an!

/ 5

b) Berechne den Flächeninhalt eines Trapezes mit folgenden Längen: a = 43 mm, c = 78 mm, h = 50 mm!

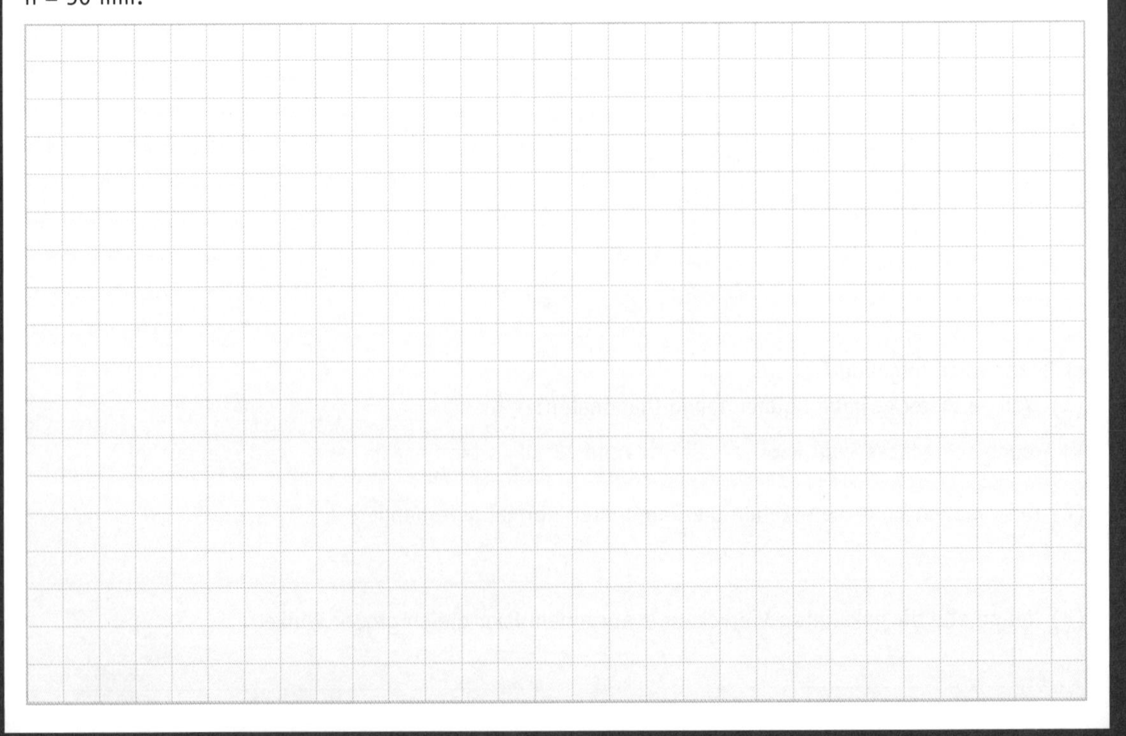

/ 48

SCHULARBEIT 6

Testdauer: 50 min

Stoffgebiete: direkte und indirekte Proportionalität, Prozentrechnung, Prisma (inkl. Oberfläche und Volumen)

1. Frau Lackner gibt durchschnittlich jeden Tag 30 € ihres Haushaltsgeldes aus. So reicht das Geld für 30 Tage.

a) Wie viel Geld darf sie täglich ausgeben, wenn das Geld 36 Tage reichen muss?

b) Wie viele Tage würde das Geld reichen, wenn sie täglich um 2 € mehr ausgeben würde?

2. Ein Vertreter fährt täglich mit seinem Auto in ein Nachbardorf. Bei einer mittleren Geschwindigkeit von 60 km/h braucht er üblicherweise 30 Minuten.

a) Wie weit ist das Nachbardorf entfernt?

b) Wegen schlechter Sicht kann er nur mit rund 45 km/h fahren. Wie lange wird er brauchen?

/ 3

c) Mit welcher Geschwindigkeit müsste er fahren, damit er in 20 Minuten im Nachbardorf wäre?

3. Julians Mutter hat eine Vorteilskarte vom Spielwarengeschäft und erhält somit bei jedem Einkauf 5 % Rabatt. Aufgrund der großen Nachfrage stieg der Preis des gewünschten Spiels im Vergleich zum Vorjahr um 8 %. Julians Mutter hat 102,60 € bezahlt.

/ 2

a) Wie viel hätte Julians Mutter letztes Jahr mit ihrer Vorteilskarte für dieses Spiel bezahlt?

/ 2

b) Wie viel hätte letztes Jahr jemand ohne Vorteilskarte für dieses Spiel bezahlt?

/ 6

4. a) Konstruiere das Netz eines regelmäßigen dreiseitigen Prismas mit der Grundkante a = 3 cm und einer Körperhöhe von h = 4 cm. Berechne anschließend die Mantelfläche dieses Prismas!

b) Von einem Prisma mit rechtwinkligem Dreieck als Grundfläche kennt man alle Seitenlängen: a = 7,5 cm, b = 4 cm, c = 8,5 cm, h = 5 cm. Berechne die Oberfläche und das Volumen dieses Prismas!

/ 9

5. a) Wie hoch ist das Prisma mit rechtwinkligem Dreieck als Grundfläche (a = 6 m, b = 4 m, $\gamma = 90°$), dessen Volumen 120 m^3 beträgt? Gib eine Formel zur Berechnung von h an!

/ 4

b) Ein Flussbett hat als Querschnitt ein gleichschenkliges Trapez (siehe Skizze). Berechne den Flächeninhalt der Querschnittsfläche!

/ 4

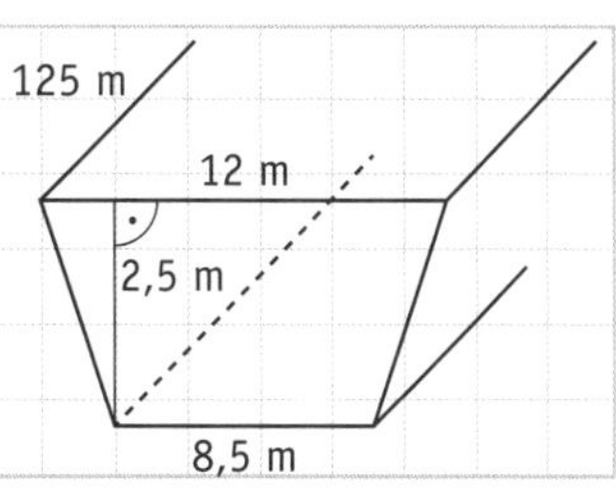

Berechne, wie viel hl Wasser auf eine Länge von 125 m in das Flussbett passen!

/ 3

Berechne die Masse des Wassers, wenn die Dichte bei ca. 10 °C kaltem Wasser rund 999,7 kg/m^3 beträgt!

/ 3

/ 48

SCHULARBEIT 7

Testdauer: 50 min

Stoffgebiete: Teilbarkeit natürlicher Zahlen, Dreieck, Prisma

/ 1

1. a) Schreibe die Zahl als Produkt von Primzahlen!

210 = ____________________

/ 1

b) Ermittle das kleinste gemeinsame Vielfache (kgV) im Kopf!

kgV (12; 4) = ________

/ 1

c) Ermittel den größten gemeinsamen Teiler (ggT) im Kopf!

ggT (22; 24) = ________

/ 4

d) Bestimme mit Primfaktorzerlegung!

ggt (112; 168; 152) = ____________ kgV (9; 54; 81) = ____________

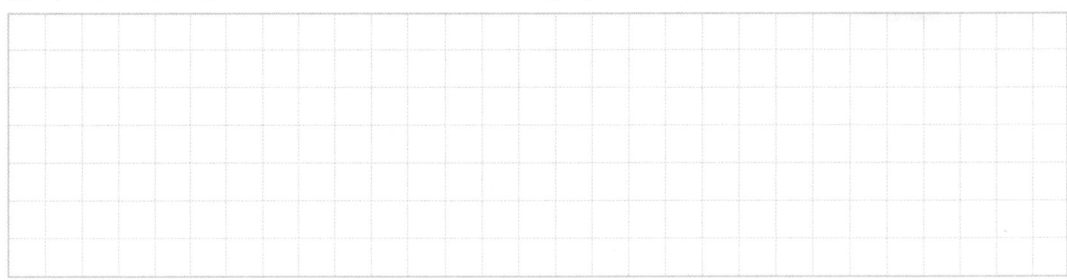

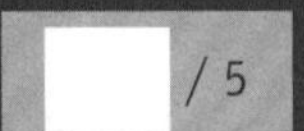
/ 5

e) Ermittle das kleinste gemeinsame Vielfache und den größten gemeinsamen Teiler! Nutze dazu die Primfaktorzerlegung der Zahlen, deren ggT und kgV zu berechnen ist.
Bilde dann das Produkt aus ggT und kgV und vergleiche mit dem Produkt der beiden gegebenen Zahlen! Was fällt dir auf?

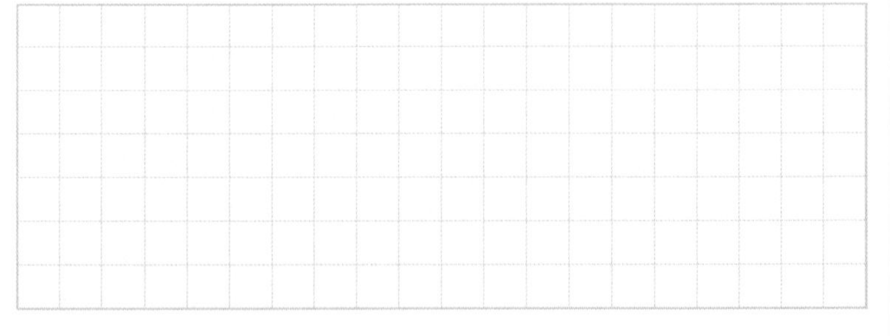

kgV (63; 84) = ________

ggT (63; 84) = ________

kgV · ggT = ________

63 · 84 = ________

Mir fällt auf, dass ______________________________

____

/ 4

2. Vervollständige die Tabelle!

a	b	ggT(a; b)	kgV(a; b)
8		4	24
	14	7	14
6		3	42
		2	12

3. Tobias, Michael und Ivan schwimmen die 25-m-Bahn im Training ganz gleichmäßig auf und ab, jeder in seinem eigenen Tempo. Tobias benötigt jeweils 35 Sekunden pro Bahn, Michael schafft eine Bahn in 21 Sekunden und Ivan schwimmt jede Bahn in 30 Sekunden. Nach wie vielen Minuten treffen sich die drei nach einem gemeinsamen Start wieder am Beckenrand und wie viele Bahnen sind sie jeweils geschwommen?

/ 5

4. Ein Dominostein hat die Gestalt eines Quaders mit den Abmessungen 2,4 cm mal 4,8 cm mal 7 mm.

a) Berechne das Volumen eines Dominosteins!

/ 2

b) Wie groß ist die Dichte (g/cm³) des Kunststoffs, aus dem diese Dominosteine hergestellt werden, wenn ein Stein 8,4 g wiegt? (Runde auf 2 Dezimalen!)

/ 3

c) Am Freitag, den 13. November 2009, fand ein „Domino Day" statt, bei dem 4,8 Millionen Steine aufgestellt wurden. Wie viel Tonnen wiegen alle Steine zusammen?

/ 2

d) Von den 4,8 Millionen aufgebauten Steinen sind leider nur 4 491 863 Steine umgefallen. Wie viel Prozent sind das? (Runde auf 2 Dezimalen!)

/ 2

/ 3

e) Wie viele quaderförmige Kisten mit 12 dm mal 4,8 dm und einer Höhe von 35 cm waren mit Dominosteinen für den „Domino Day 2009" befüllt?

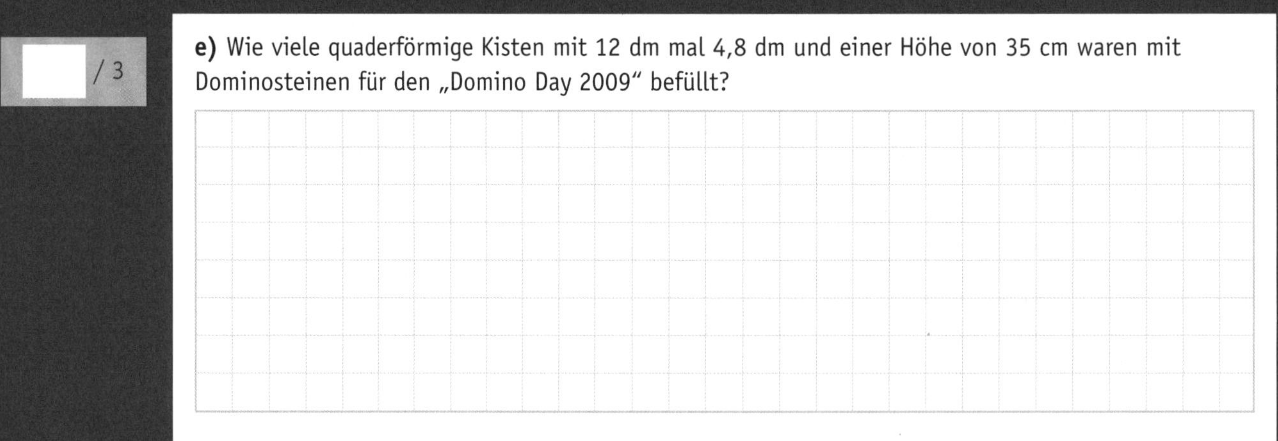

/ 3

5. Stelle eine Formel für die Masse eines Quaders auf, der aus einem Material der Dichte ρ kg/m³ besteht und folgende Abmessungen (in m) besitzt: Länge: x, Breite: 4x, Höhe $\frac{x}{2}$

/ 12

6. Konstruiere im gegebenen Dreieck ABC die merkwürdigen Punkte U, I, S und H! Zeichne auch die Euler'sche Gerade und den Inkreis ein!

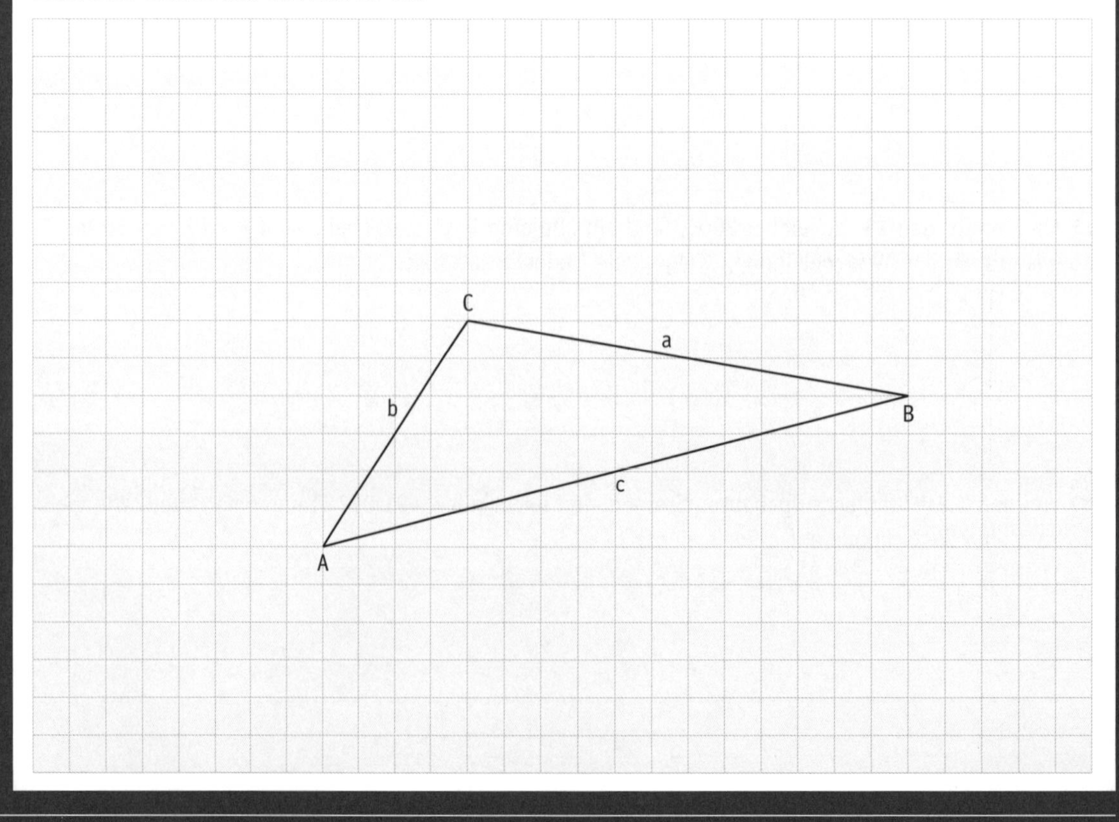

/ 48

SCHULARBEIT 8

Testdauer: 50 min

Stoffgebiete: Brüche, Bruchrechnen, Winkel

1. a) Wie viel ist ...

/ 3

... $\frac{1}{4}$ von 48? ____________________

... $\frac{2}{3}$ von 348? ____________________

... $\frac{3}{8}$ von 136? ____________________

b) Vincent hat einen Kuchen gebacken und in 12 gleich große Stücke geschnitten. $\frac{2}{3}$ des Kuchens werden zu seiner Geburtstagsparty gegessen. Viel viele Stücke bleiben übrig?

/ 2

c) Niko plant eine Grillparty. Er kauft ein 2 m langes Baguette ein. Am Ende der Party bleibt $\frac{4}{5}$ des Baguettes übrig. Wie lang ist dieses Stück?

/ 2

/ 3

2. a) Sortiere die folgenden Zahlen der Größe nach! Fange mit dem kleinsten Wert an! Kürze die Brüche, wenn möglich!

/ 4

$\frac{2}{5}$ $\quad \frac{56}{9}$ $\quad 3\frac{12}{9}$ $\quad \frac{18}{75}$ $\quad 2\frac{8}{3}$ $\quad \frac{85}{45}$

________ < ________ < ________ < ________ < ________ < ________

b) Wähle am gegebenen Zahlenstrahl eine geeignete Einheit! Trage auf dem Zahlenstrahl folgende Bruchzahlen ein:

$\frac{5}{12}$, $\frac{4}{4}$, $\frac{1}{4}$, $\frac{2}{3}$, $\frac{2}{4}$, $\frac{3}{4}$, $\frac{1}{3}$, $\frac{13}{12}$, $\frac{1}{6}$, $\frac{11}{12}$, $\frac{5}{6}$, $\frac{7}{12}$

SCHULARBEIT 8

/ 2

c) Georg fährt jeden Tag $3\frac{3}{5}$ km mit dem Fahrrad zur Schule. Nach 600 m holt er seinen Freund Peter zu Hause ab und nach noch einmal 1 800 m halten die Jungs bei einer Bäckerei an, um sich eine Jause zu kaufen.
Wie weit ist Georgs Schulweg in Metern? (Gib die Zahl nicht als Bruchzahl an!)

/ 2

In welchem Verhältnis zur ganzen Strecke steht der Teil der Strecke, den Georg schon gefahren ist, wenn er Peter abholt? (Gib eine Bruchzahl an!)

/ 2

In welchem Verhältnis zur ganzen Strecke steht der Teil der Strecke, den Georg gefahren ist, wenn die beiden an der Bäckerei anhalten? (Gib eine Bruchzahl an!)

3. Berechne die Ergebnisse, gib alle Zwischenschritte an und vergiss nicht zu kürzen!

/ 3

a) $\frac{1}{7} + \frac{6}{7} : \frac{3}{5} =$

/ 3

b) $\frac{3}{4} \cdot \left(\frac{2}{5} + \frac{2}{3}\right) =$

4. Miss die Größe der folgenden Winkel und gib ihren Typ (spitz, stumpf, erhaben) an!

a)

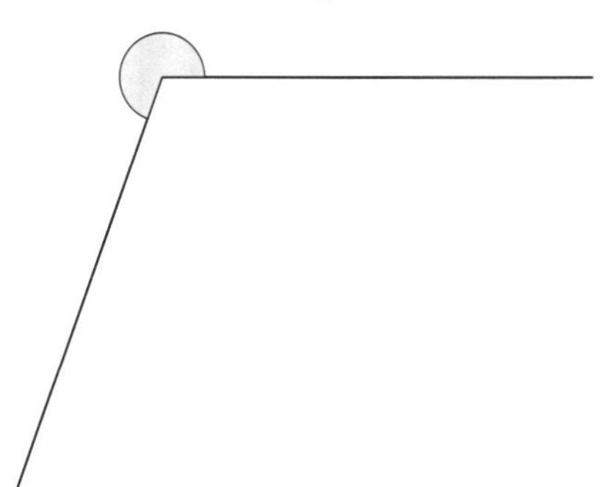

b)

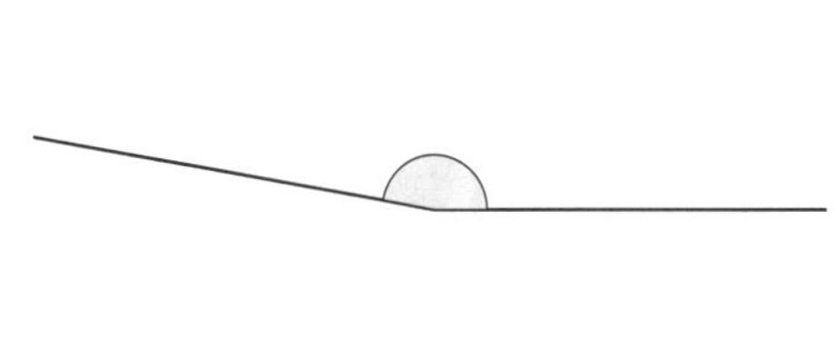

c)

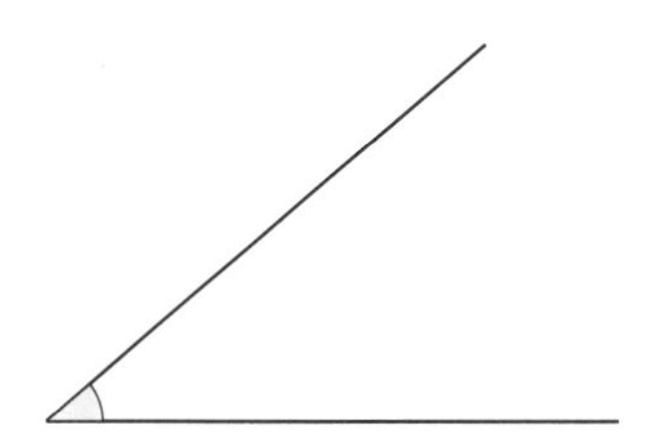

d)

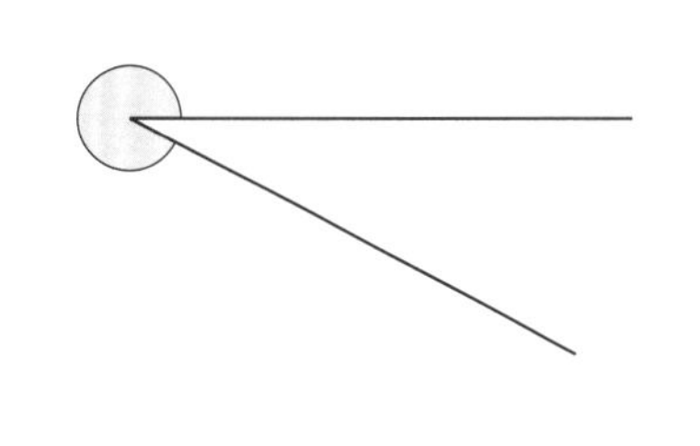

5. a) Zeichne einen Winkel α von 68°! Halbiere diesen Winkel α!

/ 3

b) Zeichne einen Winkel β von 33°! Verdreifache diesen Winkel β!

/ 8

c) Wie gehst du vor, um einen Winkel zu verdreifachen? Erkläre ganz **genau** die Konstruktion!

/ 48

SCHULARBEIT 9

Testdauer: 50 min

Stoffgebiete: Bruchrechnen, Gleichungen, Koordinatensystem, Symmetrie, Flächeninhalt, Prisma (inkl. Rauminhalt)

1. Berechne die Ergebnisse, gib alle Zwischenschritte an! Vergiss nicht zu kürzen!

/ 3

a) $\frac{1}{4} + \frac{7}{2} \cdot \frac{3}{8} =$

b) $\left(\frac{1}{4} + \frac{1}{8}\right) \cdot \left(\frac{1}{27} : \frac{1}{3}\right) =$

2. Christoph hat einen Stock, den er in drei Stücke teilt. Der erste Teil ist 20 cm lang. Die Länge des zweiten Teils ist ein Drittel der Länge des ganzen Stocks. Die Länge des dritten Teils ist ein Viertel der Gesamtlänge des Stocks.
Wie lang war der Stock? Zeichne zuerst ein Bild und löse dann die Aufgabe, indem du eine Gleichung erstellst und löst, bei der x die Länge des Stocks ist.

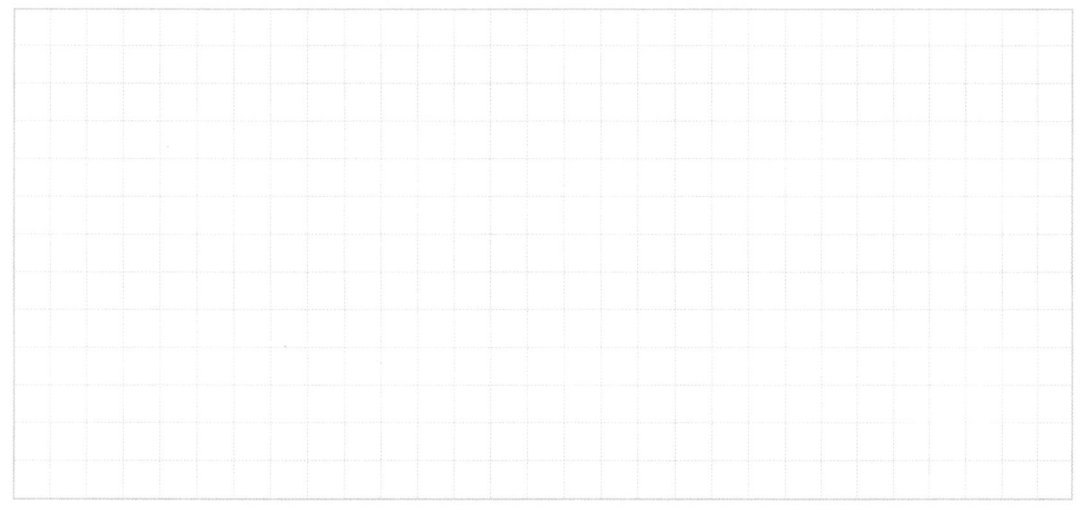

3. Ein Rechteck hat einen Flächeninhalt von 12,225 m^2 und eine Länge von 2,5 m. Wie breit ist das Rechteck?

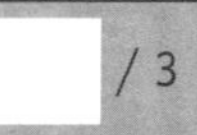

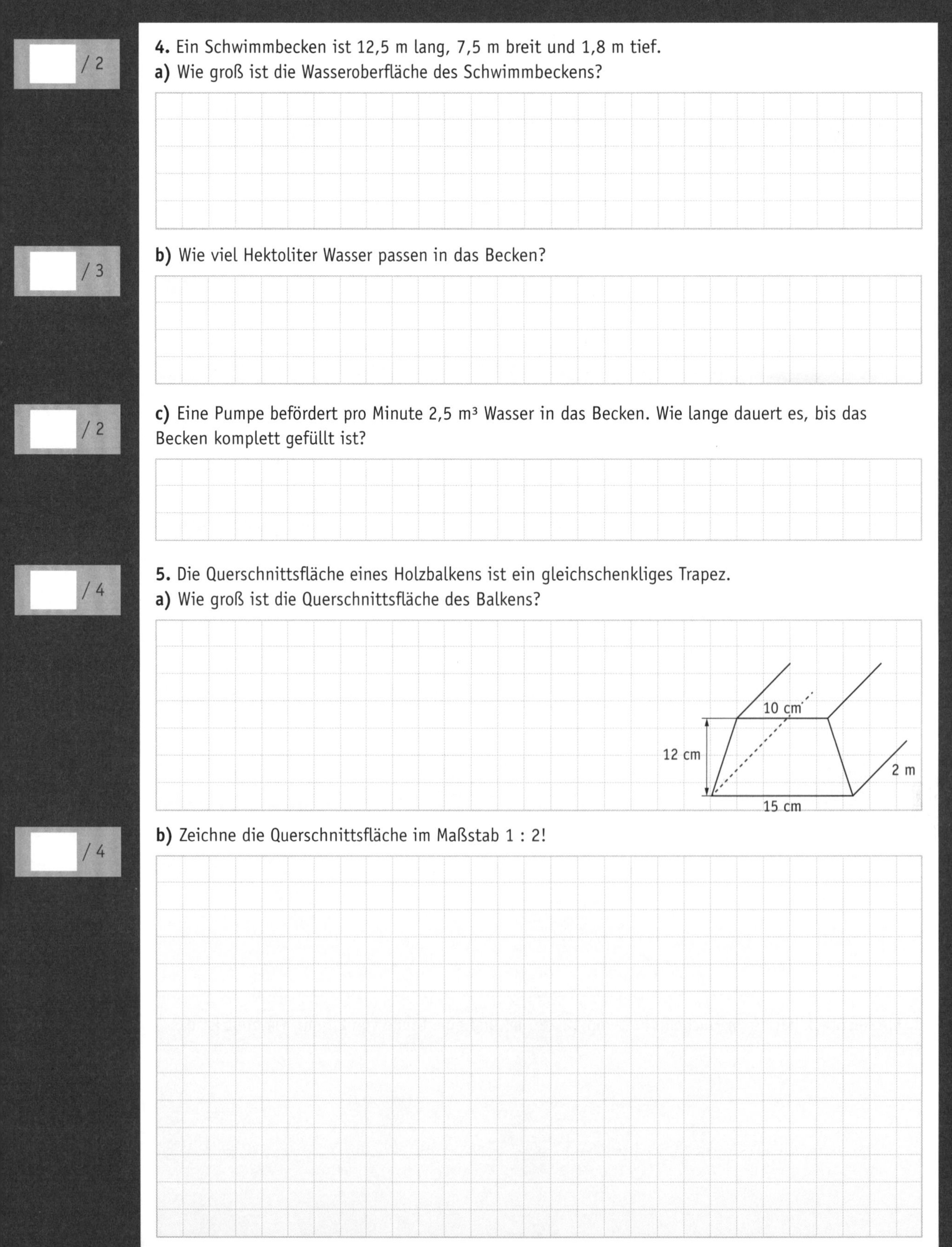

/2

4. Ein Schwimmbecken ist 12,5 m lang, 7,5 m breit und 1,8 m tief.

a) Wie groß ist die Wasseroberfläche des Schwimmbeckens?

/3

b) Wie viel Hektoliter Wasser passen in das Becken?

/2

c) Eine Pumpe befördert pro Minute 2,5 m³ Wasser in das Becken. Wie lange dauert es, bis das Becken komplett gefüllt ist?

/4

5. Die Querschnittsfläche eines Holzbalkens ist ein gleichschenkliges Trapez.

a) Wie groß ist die Querschnittsfläche des Balkens?

/4

b) Zeichne die Querschnittsfläche im Maßstab 1 : 2!

c) Wie viel Kilogramm hat dieser Holzbalken, wenn 1 m³ Holz die Masse von 520 kg hat?

/ 6

6. a) Zeichne in das Koordinatensystem ein Dreieck mit den Punkten A(6|8), B(8|1) und C(9|6) ein. Verschiebe das Dreieck um 5 nach links und um 1 nach unten. Gib die Koordinaten der Eckpunkte des neuen Dreiecks an!

/ 4

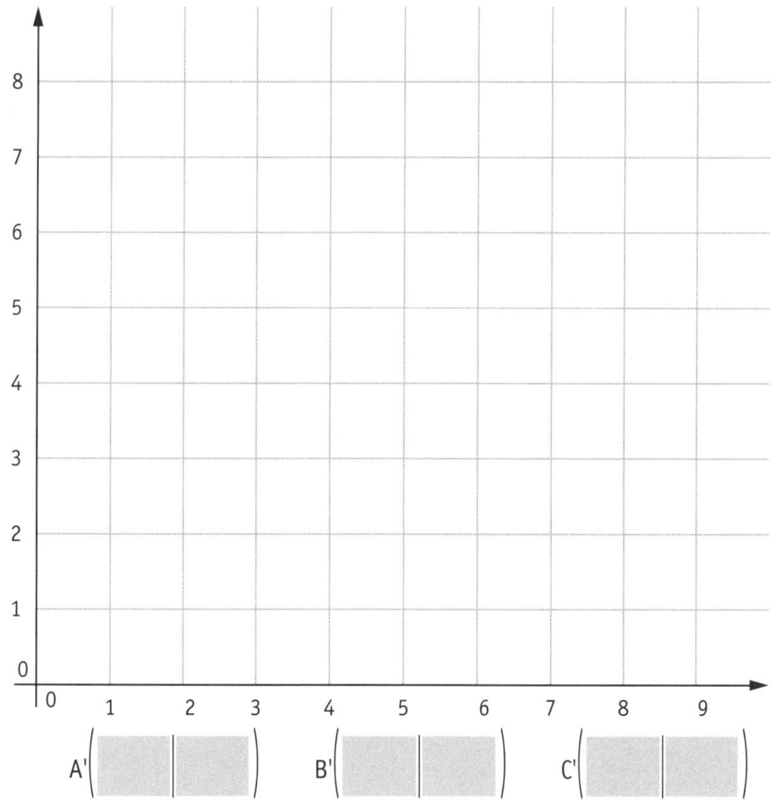

A'(|) B'(|) C'(|)

b) Spiegle das Dreieck an der gegebenen Spiegelachse!

/ 3

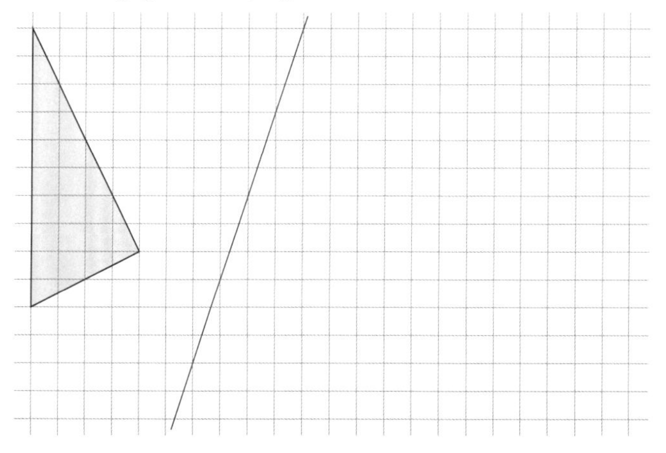

/ 2

c) Das Dreieck wurde gespiegelt. Zeichne die Spiegelachse ein!

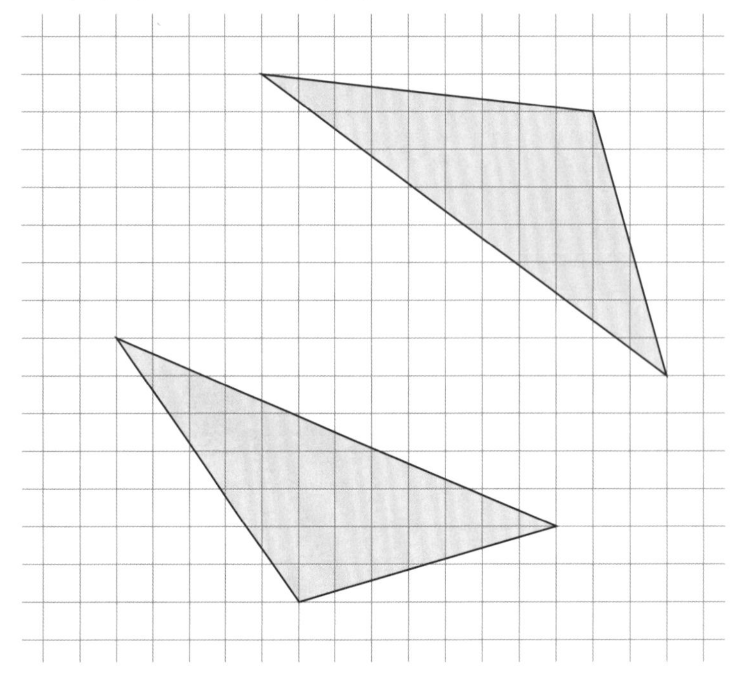

/ 48

SCHULARBEIT 10

Testdauer: 50 min

Stoffgebiete: Teilbarkeit natürlicher Zahlen, Brüche und Bruchzahlen, Proportionalität, Winkel, Vierecke, Prisma

1. a) Roman weiß nicht, was eine Primzahl ist. Erkläre es ihm mit deinen eigenen Worten!

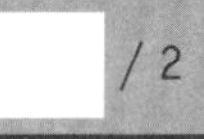

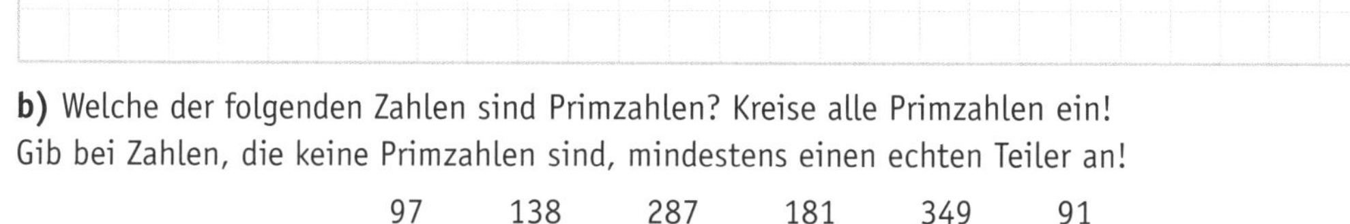

b) Welche der folgenden Zahlen sind Primzahlen? Kreise alle Primzahlen ein!
Gib bei Zahlen, die keine Primzahlen sind, mindestens einen echten Teiler an!

97   138   287   181   349   91

2. Bestimme mit Primfaktorzerlegung!

a) ggT(91; 299) = ____________ **b)** kgV(45; 120) = ____________

3. a) Welcher Bruchteil ist jeweils gefärbt?

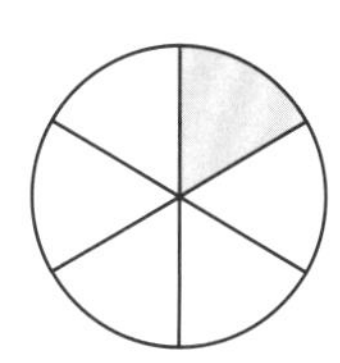

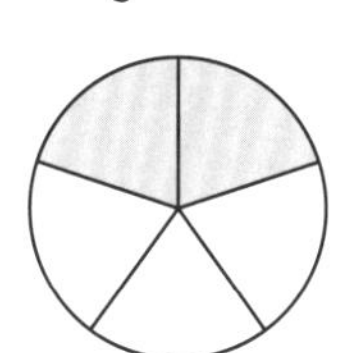

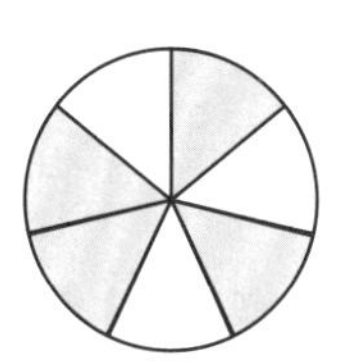

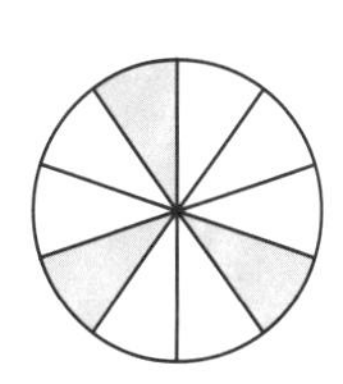

__________ __________ __________ __________

b) Entscheide, ob der erste Bruch kleiner (<), größer (>) oder gleich (=) dem zweiten Bruch ist.
Trage die entsprechenden Zeichen in die Kästchen ein!

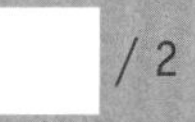

$\frac{5}{7}$ ☐ $\frac{3}{4}$ $\frac{6}{15}$ ☐ $\frac{2}{5}$ $2\frac{3}{4}$ ☐ $\frac{11}{4}$ $\frac{21}{22}$ ☐ $\frac{23}{26}$

c) Kürze so weit wie möglich!

$\frac{235}{240}$ = ____________ $\frac{2\,016}{2\,272}$ = ____________

/ 2

4. a) An einer Tankstelle kosten 45 Liter Diesel 33,75 €. Wie viel Euro kosten 75 Liter an dieser Tankstelle?

/ 2

b) Ein Mopedfahrer legt eine Strecke von 105 km in dreieinhalb Stunden zurück. Welche Zeit benötigt er für 60 km?

/ 3

c) Eine Ausflugsfahrt kostet 18,50 € pro Person. Es wollten 24 Personen daran teilnehmen. Um wie viel Euro ändert sich der Preis pro Person, wenn vier Personen nicht daran teilnehmen können, aber der Gesamtpreis unverändert bleibt?

/ 2

5. a) Martin möchte sich einen Schreibtisch bauen. Deshalb kauft er im Baumarkt eine Platte mit der Länge 1,55 m und der Breite 0,65 m. Der Quadratmeterpreis für eine zugeschnittene Platte beträgt 19,90 €. Was kostet die Platte?

/ 2

b) Stefan möchte rund um die Platte Kantenleisten anbringen. Diese kosten 1,25 € pro Meter. Wie viel muss Stefan für die Kantenleisten bezahlen?

/ 1

c) Was kostet die gesamte Schreibtischplatte?

DURCH STARTEN

MATHEMATIK

2. KLASSE GYMNASIUM/HS/NMS

VERITAS

TEST BUCH

LÖSUNGSHEFT

Verfasst von Mone Crillovich-Cocoglia

FÜR DIE 6. SCHULSTUFE

Lernzielkontrollen – Tests

LZK – TEST 1

1. 67

2. a) 4 529 **b)** 90

3. (5 704 : 23 + 537) · (4 082 – 3 917) = ... = 129 525

LZK – TEST 2

1. a) 2 · 2 · 3 · 5 · 7 · 7 **b)** 2 · 3 · 3 · 5 · 5 · 7

2. a) 14 **b)** 64

3. a) 36 **b)** 90

4. a) $T_{24} = \{1, 2, 3, 4, 6, 8, 12, 24\}$; $T_{32} = \{1, 2, 4, 8, 16, 32\}$

b) T(24, 32) = {1, 2, 4, 8}

c) ggT(24, 32) = 8

5. a) falsch **b)** falsch **c)** falsch **d)** wahr

LZK – TEST 3

1. a) $3\frac{2}{3}$ **b)** $3\frac{2}{5}$ **c)** $4\frac{1}{9}$

2. a) $\frac{11}{6}$ **b)** $\frac{19}{4}$ **c)** $\frac{13}{2}$

3. a) $\frac{75}{100}$ **b)** $\frac{5}{10}$ **c)** $\frac{35}{10}$ **d)** $\frac{6}{10}$ **e)** $\frac{375}{1\,000}$ **f)** $\frac{8}{10}$

4. a) $\frac{1}{5}$ **b)** $\frac{1}{20}$ **c)** $\frac{3}{4}$ **d)** $\frac{3}{10}$ **e)** $\frac{1}{8}$ **f)** $\frac{12}{25}$

5. a) 60 l **b)** 70 l **c)** 25 l

6. a) 125 kg **b)** 750 kg **c)** 100 kg

LZK – TEST 4

1. a) 25 € **b)** 18 kg **c)** 260 m

2. 20 €

3. a) $\frac{1}{6}$ **b)** $\frac{3}{4}$ **c)** $\frac{2}{5}$ **d)** $\frac{1}{3}$

4. a) 16 m^2 **b)** 6 h

5. 2 kg

LZK – TEST 5

1. a)

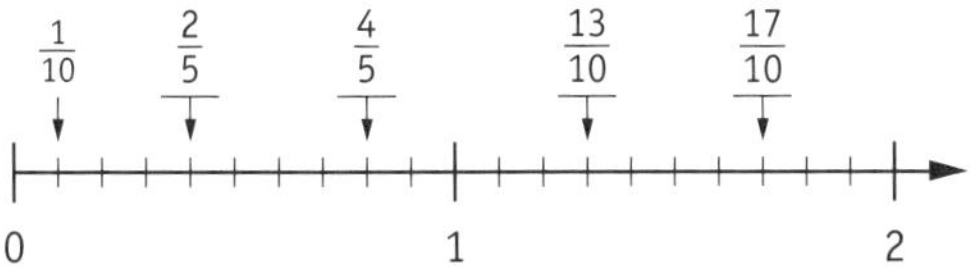

b)

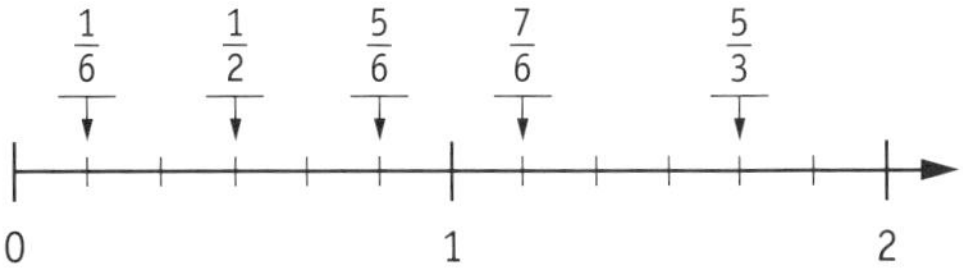

c)

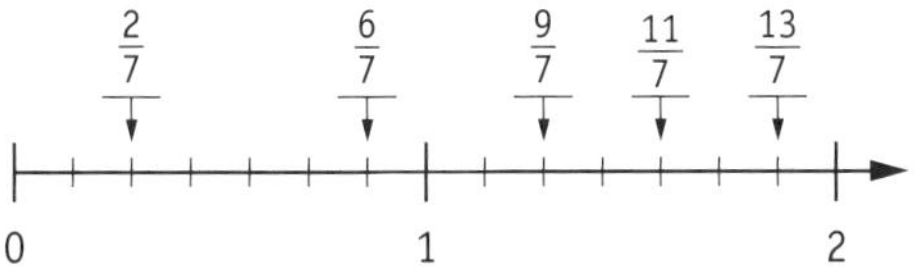

d)

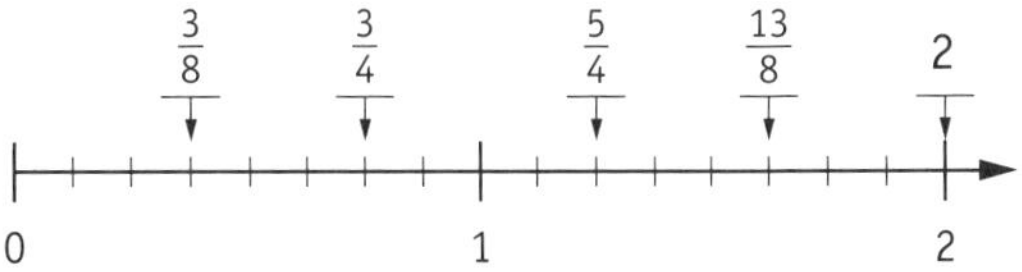

2.

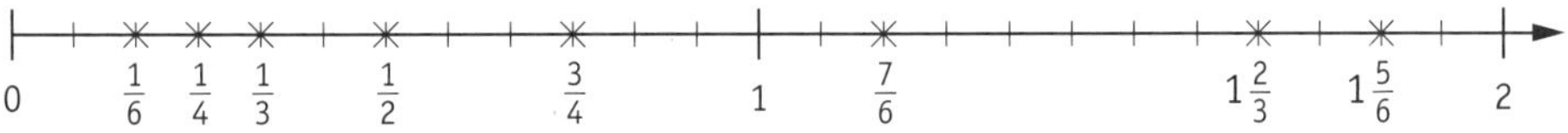

3. a) < **b)** = **c)** < **d)** < **e)** > **f)** =

4.

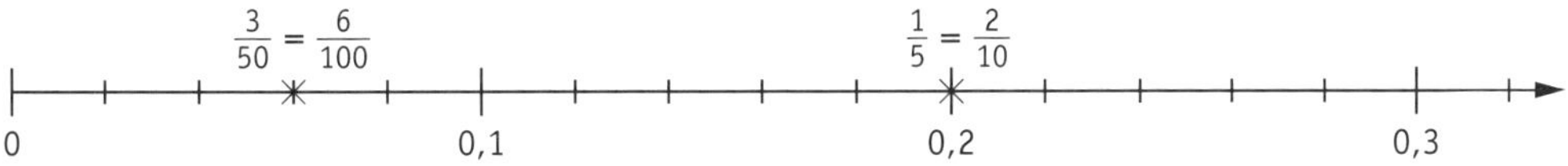

LZK – TEST 6

1. a) $\frac{3}{9}$ **b)** $\frac{15}{21}$ **c)** $\frac{6}{15}$ **d)** $\frac{9}{12}$ **e)** $\frac{33}{42}$ **f)** $\frac{12}{27}$

2.

Gekürzter Bruch	$\frac{2}{5}$	$\frac{1}{50}$	$\frac{1}{20}$	$\frac{3}{5}$
Hundertstelbruch	$\frac{40}{100}$	$\frac{2}{100}$	$\frac{5}{100}$	$\frac{60}{100}$
Dezimalzahl	0,4	0,02	0,05	0,6
Prozent	40 %	2 %	5 %	60 %

3. a) $\frac{220}{330}$ **b)** $\frac{840}{1\,050}$ **c)** $\frac{504}{864}$

4. a) $\frac{20}{12}$; $\frac{45}{12}$ **b)** $\frac{28}{18}$; $\frac{189}{18}$ **c)** $\frac{28}{48}$; $\frac{15}{48}$

LZK – TEST 7

1. a) $\frac{1}{2}$ **b)** $\frac{9}{10}$ **c)** $\frac{19}{20}$ **d)** $\frac{3}{4}$ **e)** $\frac{7}{12}$ **f)** $\frac{10}{15}$

2. a) $\frac{2}{3}$ **b)** $\frac{4}{7}$ **c)** $\frac{8}{19}$

3. a) 4 **b)** $\frac{1}{10}$ **c)** $\frac{2}{3}$

4. a) $\frac{12}{100} = \frac{3}{25}$ **b)** $\frac{5}{1\,000} = \frac{1}{200}$ **c)** $\frac{125}{1\,000} = \frac{1}{8}$

LZK – TEST 8

1. a) $\frac{2}{9}$ **b)** $\frac{31}{42}$

2. a) $\frac{x}{20}$ **b)** $\frac{7x}{4}$

3. $\frac{27}{100}$

4. $\frac{9}{20}$ Liter

5. a) $\frac{4}{15}$ **b)** Ja! $\frac{6}{15}$

LZK – TEST 9

1. $\frac{9}{16}$

2. $\frac{7}{9}$

3. 18 €; 2 kg

4. a) $\frac{x}{16}$ **b)** $\frac{3}{32x}$ **c)** $\frac{2x}{7}$

LZK – TEST 10

1. a) $2\frac{1}{8}$ **b)** 2

2. 136 Flaschen

LZK – TEST 11

1. a) 6 **b)** 13 **c)** 15

2. a) 24 **b)** 5 **c)** 13 **d)** 125 **e)** 16 **f)** 9

LZK – TEST 12

1. $x - 3 = 9{,}7$; $x \doteq 12{,}7$; Das Buch kostet 12,70 €.

2. $0{,}8 + 5x = 3$; $x = 0{,}44$; Ein Heft kostet 0,44 €.

3. $2x + x = 21$; $x = 7$; Julia bekommt 14 € und Katrin 7 € Taschengeld.

4. $23 \cdot x - 144 = 12\,000$; $x = 528$

5. $x + (x + 3) + (x + 6) = 999$; $x = 330$; Die erste Zahl lautet 330, die zweite 333 und die dritte 336!

LZK – TEST 13

1. a) 270 Liter **b)** 46 h 17 min 47 s

2. Der erste Autofahrer zahlt 30,80 € und der zweite 33,60 €.

3. Frau Sparer soll die 3,5 l-Flasche kaufen!

LZK – TEST 14

1. 48 Seiten

2. 5 Seiten pro Tag

3. a) 47,50 € **b)** 19 Tage

LZK – TEST 15

1. a)

Zeit	Weg
1 s	72 m
10 s	720 m
1 min	4 320 m
8 min	34,56 km
1 h	259,2 km

Der TGV erreicht eine Höchstgeschwindigkeit von 259,2 km/h.

b) $s = 72\,t$ **c)** rund 213 km/h

2. a) Er muss sie um 10 km/h erhöhen! **b)** Der Zeitverlust beträgt ca. 6 min 40 s.

LZK – TEST 16

1. a) 1,5 h **b)** 40 min

2. a) 46 min 48 s **b)** 31,2 km

LZK – TEST 17

1.

	a)	b)	c)	d)	e)	f)
Prozent	50 %	75 %	30 %	20 %	80 %	12,5 %
Bruch	$\frac{1}{2}$	$\frac{3}{4}$	$\frac{3}{10}$	$\frac{1}{5}$	$\frac{4}{5}$	$\frac{1}{8}$
Dezimalzahl	0,5	0,75	0,3	0,2	0,8	0,125

2. a) 30 min **b)** 1 km **c)** 50 g **d)** 75 €

3.

Bruch	$\frac{1}{2}$	$\frac{2}{6} = \frac{1}{3}$	$\frac{5}{8}$	$\frac{3}{8}$
Dezimalzahl	0,5	$0{,}\dot{3}$	0,625	0,375
Prozentangabe	50 %	$33{,}\dot{3}$ %	62,5 %	37,5 %

4. a) $\frac{1}{4}$ **b)** $\frac{1}{8}$

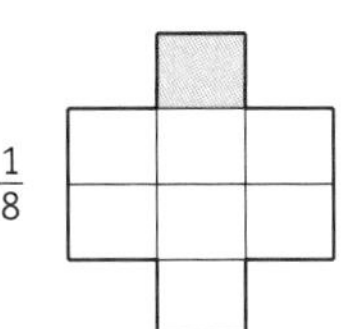

c) $\frac{1}{6}$

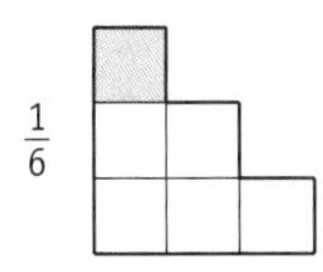

d) $\frac{1}{3}$

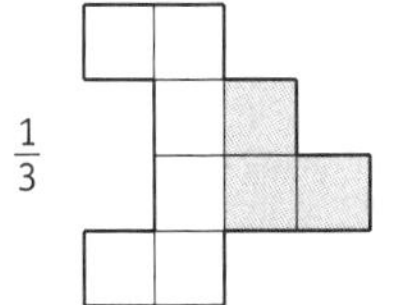

5. links (unten): Nenner, rechts (oben): Zähler

LZK – TEST 18

1. 110 €

2. 648 Karten

3. 20 %

4. 112,50 €

5. 259 €

6. 248,64 €

LZK – TEST 19

a) 3 180 239
b) rund 4,8 Mio. Steine
c) weiß: 98,4°; nicht weiß: 238,6°; nicht umgefallen: 23°

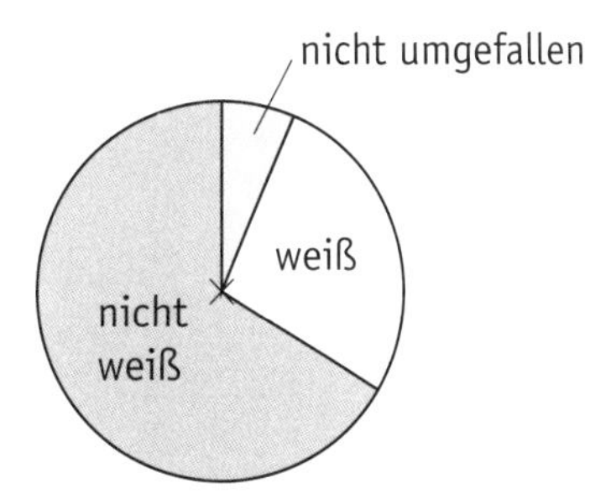

LZK – TEST 20

1. $\alpha = 50°$; $\beta = 60°$; $\gamma = 50°$

2. a) $\alpha = 75°$, $\beta = 35°$, $\gamma = 25°$ **b)** $\alpha = 110°$, $\beta = 70°$, $\gamma = 100°$

3. a) 160° 52′ **b)** 8° 39′

LZK – TEST 21

1. $S_1(4|5{,}3)$, $S_2(8{,}9|7{,}4)$

2. a) $\alpha = 45°$ **b)** $\alpha = 45°$ **c)** $\beta = 135°$

LZK – TEST 22

1.

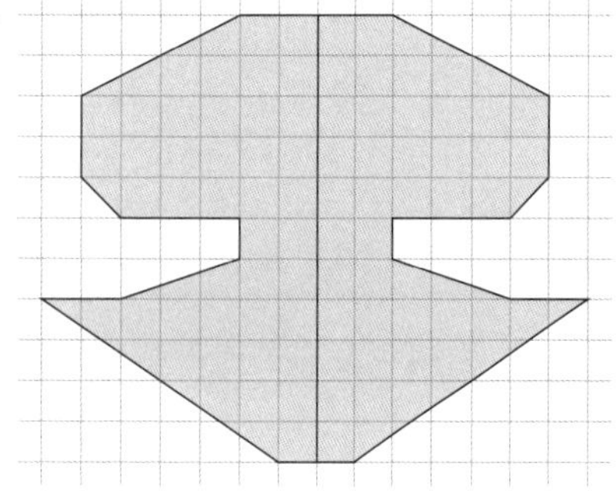

2. A'(2|1,5), B'(2,5|5), C'(5|5), D'(4|2)

3.

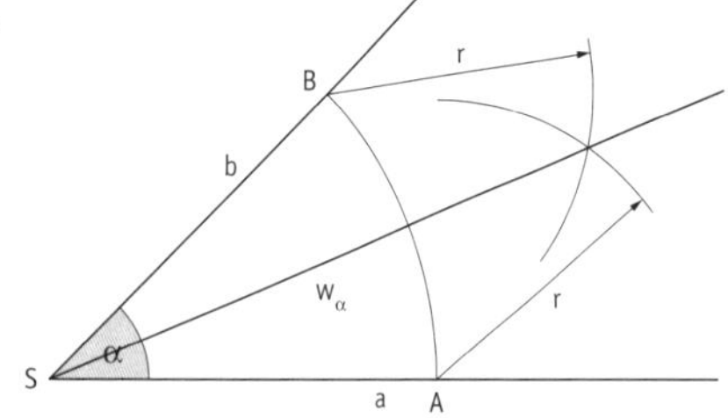

LZK – TEST 23

1. ca. 1,4 km

2. Maßstab z.B. 1 : 2 000; Breite des Flusses: 65 m

LZK – TEST 24

1.

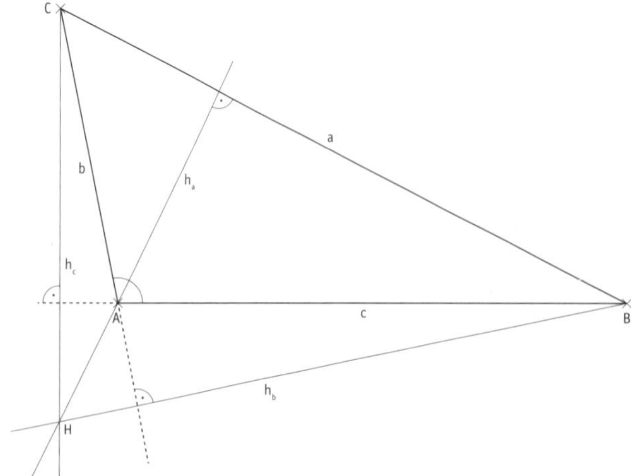

2.

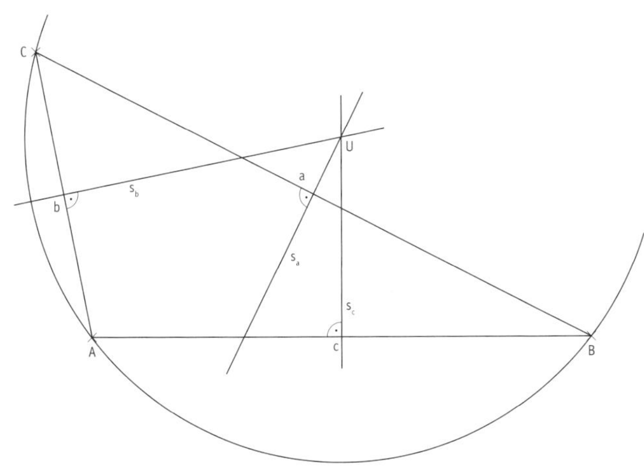

3.

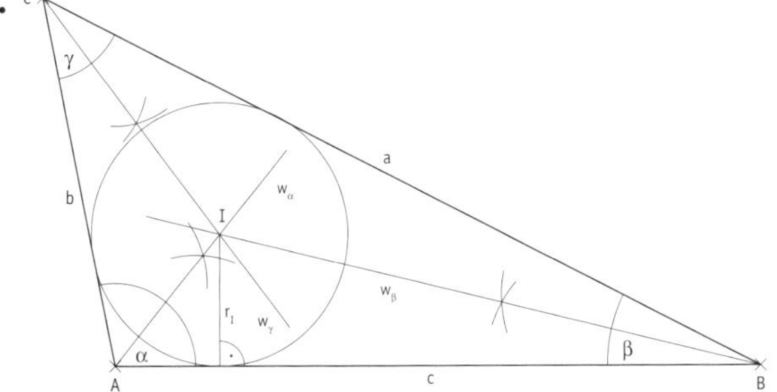

LZK – TEST 25

1. c = u – 2a;   c = 155 mm

2. a = u : 3;   a = 116 mm

3.

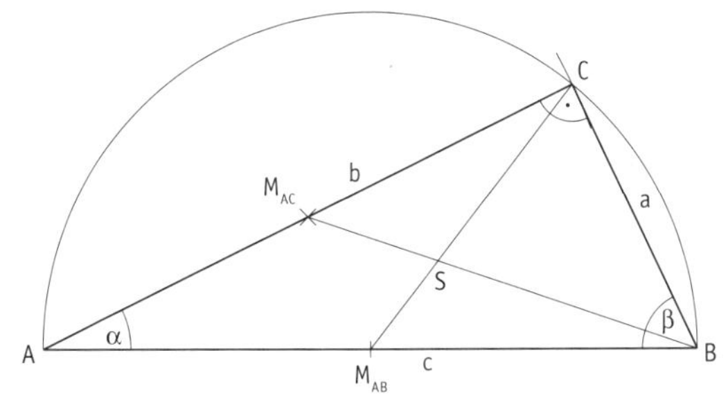

LZK – TEST 26

1. a ≈ 5,4 cm;   b ≈ 6,4 cm;   A ≈ 17,28 cm^2

2. A = 13,5 m^2

3. a = 8,9 m

LZK – TEST 27

1. b ≈ 30 mm

2. a) A = 1 056 m^2 **b)** A = 625 m^2

LZK – TEST 28

1. A = 18 cm²

2. r ≈ 5,7 cm

LZK – TEST 29

1. ρ ≈ 36 cm

2. D(3|5), A = 14 cm²

LZK – TEST 30

1. a ≈ 7 cm

2. A = 20,5 cm²

3. a) Quadrat, Rechteck, Raute, Parallelogramm
b) Quadrat, Rechteck, Raute, Parallelogramm
c) Quadrat, Rechteck, Raute, Parallelogramm, Trapez
d) Quadrat, Rechteck, Raute, Parallelogramm, Deltoid

LZK – TEST 31

1. a)

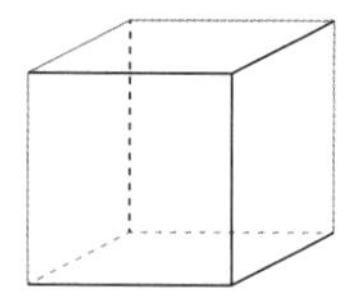

b)

2. O = 23,5 cm²

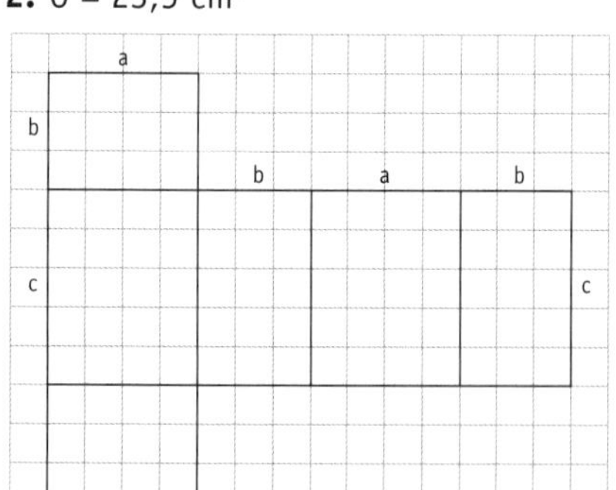

3. 75 cm²

LZK – TEST 32

1. a) 405 m³ **b)** 45-mal

2. 6 733,65 cm³

3. a) 1,2 Liter **b)** 25 cm

Schularbeiten

SCHULARBEIT 1

1. a) 24,07

b) 2 m³ = 20 hl; 3 hl = 0,3 m³; 0,3 dl = 0,03 l; 2,5 l = 250 cl; 20 cm³ = 0,02 l; 39 ml = 0,039 dm³; 3 ml = 0,003 l; 0,2 hl = 20 000 cm³

2. a) $4|36$; $3\nmid 35$; $2|5\,456$; $9|153$; $8\nmid 82$; $11\nmid 111$; $5|6\,740$; $10\nmid 9\,691$

b) $T_{35} = \{1, 5, 7, 35\}$

3. ggT(2 520, 3 600) = 360; kgV(2 520, 3 600) = 25 200

4. a) b = 17,3 dm; A = 219,71 dm²

b) 408 hl; 136 Minuten

c) $u = 2 \cdot [(b - a) + c]$; $A = (b - a) \cdot c$

5. a) 135° = 60° + 60° + (60°: 2) : 2; Kontrolle durch Messen!

b)

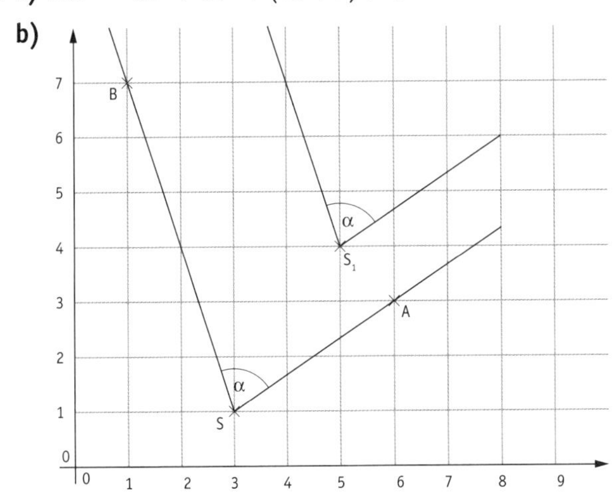

$\alpha \approx 75°$

SCHULARBEIT 2

1. a) 12,34 kg

b) 2 hl = 0,2 m³; 1,03 ml = 0,00103 l; 0,03 dl = 0,003 l; 0,003 l = 0,3 cl; 4cm³ = 0,004 l; 400 ml = 0,4 dm³; 5 l = 0,005 m³; 0,05 hl = 5 000 cm³

2. ggT(1 254, 5 225) = 209; kgV(1 254, 5 225) = 31 350

3. a) $6\frac{5}{8}$; $9\frac{4}{9}$ **b)** $\frac{28}{5}$; $\frac{31}{8}$ **c)** 0,375; 0,8 **d)** $\frac{4}{3}$; $\frac{314}{99}$

e) 6 m³; 24 km **f)** $\frac{12}{48}$; $\frac{21}{15}$ **g)** $\frac{2}{3}$; $\frac{3}{5}$

4. a) a = 31,25 dm, u = 78,5 dm **b)** 120 000-mal, 4 000 Badewannen

5. a)

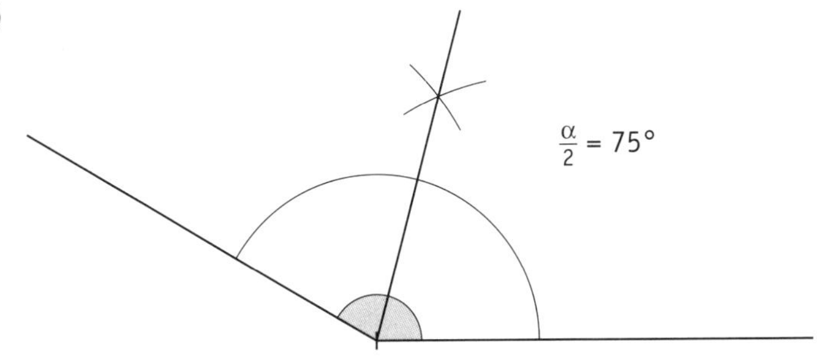

b) H(2,5|2)

SCHULARBEIT 3

1. a) $6\frac{4}{9}$; $10\frac{1}{2}$ **b)** $\frac{64}{9}$; $\frac{23}{4}$ **c)** $0{,}1\dot{5}$; $0{,}\dot{0}0\dot{2}$ **d)** $\frac{44}{9}$; $\frac{67}{33}$

e) 4 320 hl; 200 € **f)** $\frac{48}{80}$; $\frac{56}{96}$ **g)** $\frac{3}{4}$; $\frac{5}{8}$

2. a) $\frac{9}{250}$; 3,6 % **b)** 21 000 Einwohner, 40 %

3. a) 52° **b)** $c \approx 4$ cm $\triangleq$ 200 m; $u = 925$ m

4. a)

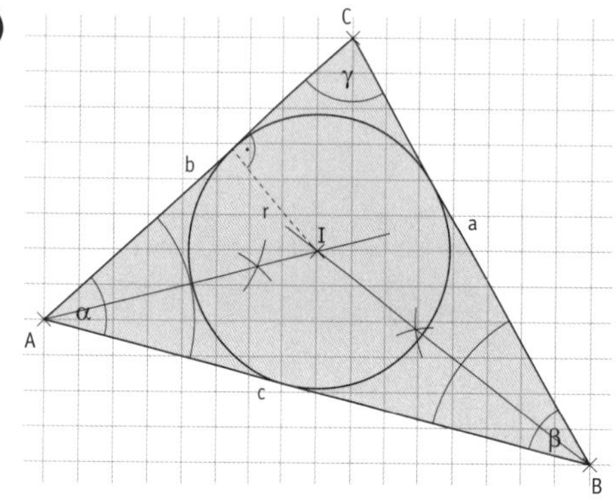

b)

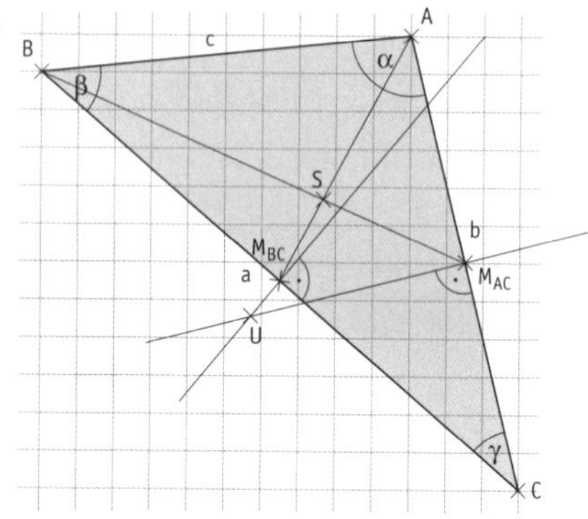

c)

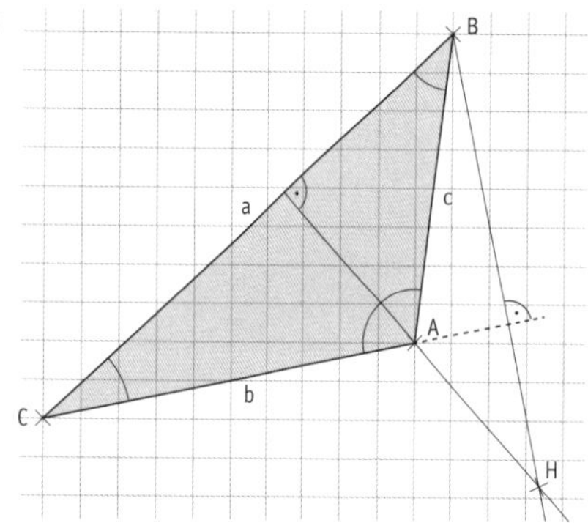

SCHULARBEIT 4

1. a) $1\frac{9}{10}$ m **b)** 6,3 Liter **c)** 420 Umdrehungen **d)** 32 Päckchen

2. $6\frac{3}{7}$

3. $\overline{AC} \approx 7{,}5$ cm $\triangleq$ 112,5 m; $\rho \approx 1{,}3$ cm $\triangleq$ 19,5 m

4. a) $a = \frac{2 \cdot A}{b} = 5{,}6$ dm **b)** $A = 1\,425$ m²; $u = 194$ m **c)** $A = \frac{q \cdot r}{2}$

SCHULARBEIT 5

1. a) $\frac{1}{9}$ **b)** 14 **c)** $\frac{12}{5}$ **d)** 5

2. $\frac{x}{3} + 25 = 2 \cdot x - 25$; $x = 30$

3. a) $46\frac{1}{20}$ **b)** $4\frac{8}{9}$

4. a) $a \approx 3{,}8$ cm; $b \approx 7{,}5$ cm

b) $b = \frac{2A}{a} = 3{,}7$ cm

c) (1) Quadrat, Rechteck, gleichschenkliges Trapez; **(2)** Quadrat, Raute, Deltoid; **(3)** Deltoid

5. a) $c \approx 117$ mm **b)** 3 025 mm²

SCHULARBEIT 6

1. a) 25 € **b)** $28\frac{1}{8}$ Tage

2. a) 30 km **b)** 40 min **c)** mit 90 km/h

3. a) 95 € **b)** 100 €

4. a) 36 cm² **b)** 130 cm²; 75 cm³

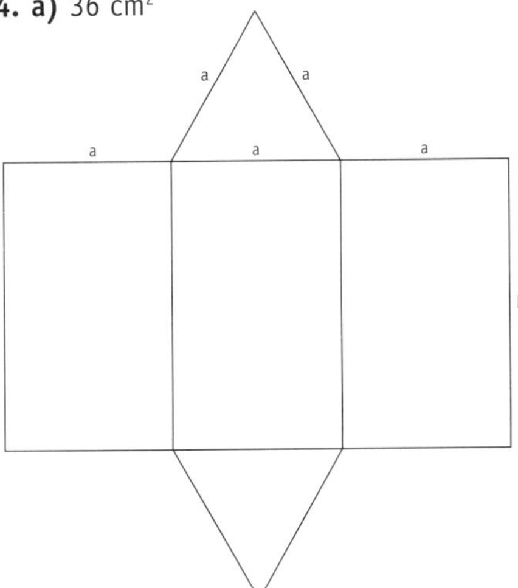

5. a) $h = \frac{2V}{ab} = 10$ m **b)** 25,625 m²; 32 031,25 hl; 3 202,16 t

SCHULARBEIT 7

1. a) 2 · 3 · 5 · 7 **b)** 12 **c)** 2

d) ggt (112; 168; 152) = 8; kgV (9; 54; 81) = 162

e) kgV (63; 84) = 252; ggT (63; 84) = 21; kgV · ggT = 5 292, 63 · 84 = 5 292
Zum Beispiel: Mir fällt auf, dass das Produkt aus ggT und kgV gleich groß wie das Produkt der beiden gegebenen Zahlen ist.

2.

a	b	ggT(a; b)	kgV(a; b)
8	12	4	24
7	14	7	14
6	21	3	42
4	6	2	12

3. 3,5 min
Tobias: 6 Bahnen; Michael: 10 Bahnen; Ivan: 7 Bahnen

4. a) 8 064 mm³
b) 1,04 g/cm³
c) 40,32 t
d) 93,58 %
e) 192 Kisten

5. m = 2 · x · x · x · ρ

6.

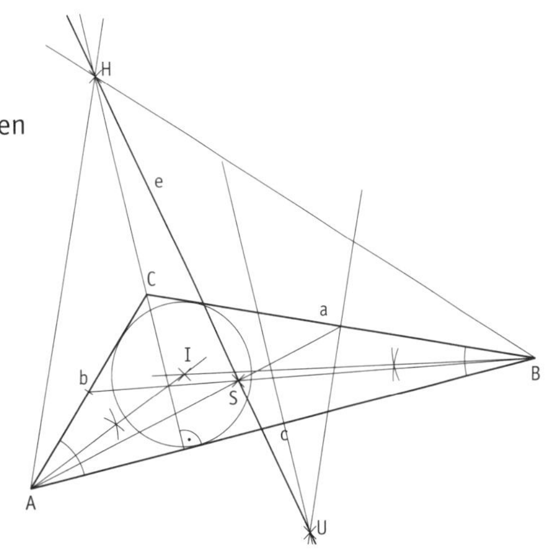

SCHULARBEIT 8

1. a) 12; 232; 51 **b)** 4 Stücke **c)** 1,6 m

2. a) $\frac{6}{25} < \frac{2}{5} < 1\frac{8}{9} < 4\frac{1}{3} < 4\frac{2}{3} < 6\frac{2}{9}$

b) 0, $\frac{1}{12}$, $\frac{1}{6}$, $\frac{1}{4}$, $\frac{1}{3}$, $\frac{5}{12}$, $\frac{2}{4}$, $\frac{7}{12}$, $\frac{2}{3}$, $\frac{3}{4}$, $\frac{5}{6}$, $\frac{11}{12}$, $\frac{4}{4}$, $\frac{13}{12}$

c) 3 600 m; $\frac{1}{6}$; $\frac{2}{3}$

3. a) $\frac{11}{7}$ **b)** $\frac{4}{5}$

4. a) erhaben, 250° **b)** stumpf, 170° **c)** spitz, 40° **d)** erhaben, 333°

5. a)

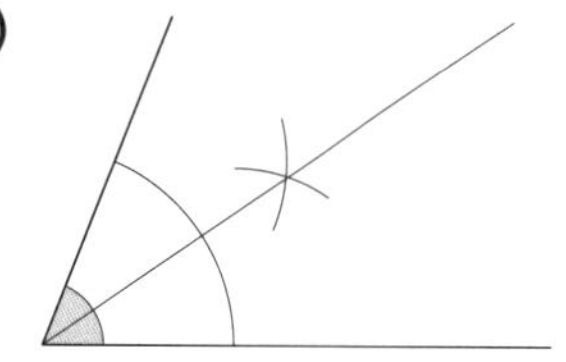

b)

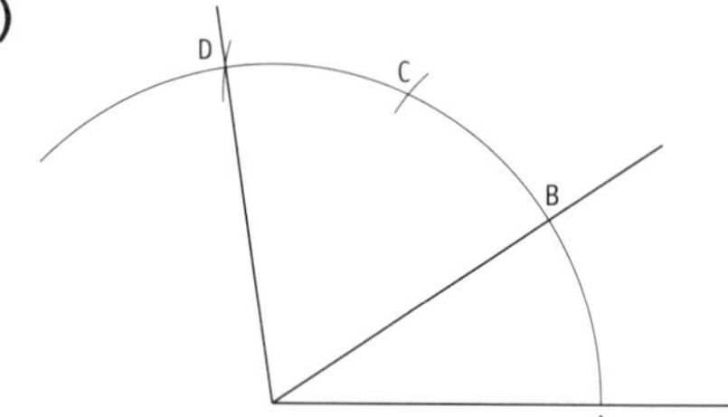

c) Zum Beispiel: Ich zeichne den Scheitel und den ersten Schenkel. Geodreieck anlegen, Winkel messen, zweiten Schenkel einzeichnen. Winkelbogen zeichnen, mit beliebiger Größe. Zirkelgröße einstellen: vom Schnittpunkt A des Winkelbogens mit dem ersten Schenkel zum Schnittpunkt B des Winkelbogens mit dem zweiten Schenkel. In B einstechen und Größe am Winkelbogen abschlagen → Punkt C. In C einstechen und Größe am Winkelbogen erneut abschlagen → Punkt D. Schenkel durch D zeichnen.

SCHULARBEIT 9

1. a) $\frac{25}{16}$ **b)** $\frac{1}{24}$

2.

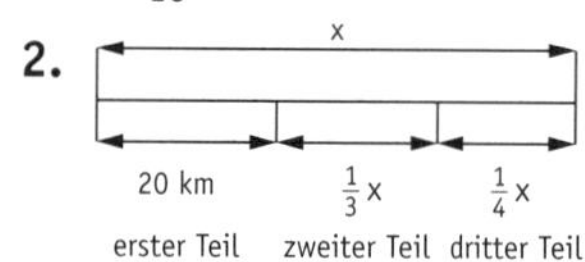

$x = 20 + \frac{x}{3} + \frac{x}{4}$; 48 cm

3. 4,89 m

4. a) 93,75 m² **b)** 1 687,5 hl **c)** 67,5 min

5. a) 150 cm² **b)** 15 cm ≙ 7,5 cm **c)** 15,6 kg

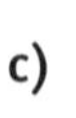

6. a) A'(1|7), B'(3|0), C'(4|5)

b)

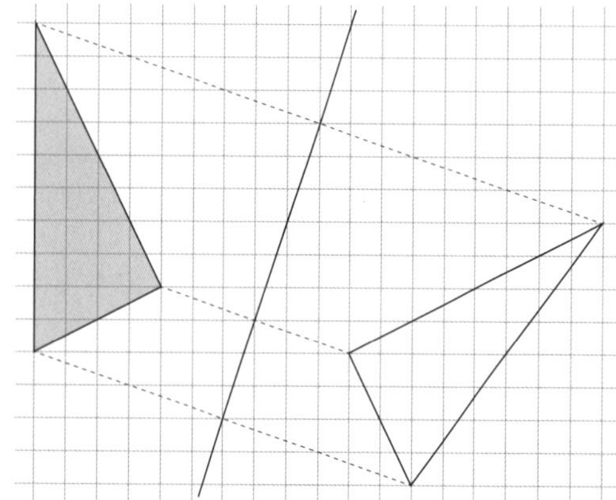

c)

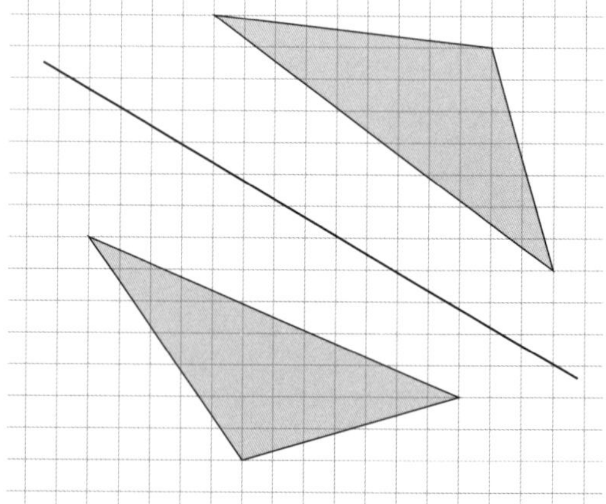

SCHULARBEIT 10

1. a) Zum Beispiel: Eine Primzahl ist eine natürliche Zahl, die man nur durch 1 und die Zahl selbst ohne Rest dividieren kann.
b) Primzahlen: 97, 181, 349; 2|138; 7|287; 7|91

2. a) 13 **b)** 360

3. a) $\frac{1}{6}$; $\frac{2}{5}$; $\frac{4}{7}$; $\frac{3}{10}$ **b)** <, =, =, > **c)** $\frac{47}{48}$; $\frac{63}{71}$

4. a) 56,25 € **b)** 2 Std. **c)** um 3,70 €

5. a) 20,05 € **b)** 5,50 € **c)** 25,55 €

6. a) ∢BAD = 70°; ∢CBE = 50°; ∢ECB = 70°; ∢BEC = 60°
b) ∢kg = 40°; ∢gl = 140°; ∢hm = 85°; ∢lk = 180°; ∢mk = 140°

7. a) 0,4 m **b)** 84 Fische

SCHULARBEIT 11

1. a) 250 Std. **b)** 65 Std. **c)** 13,5 Std.

2. 35 min

3.

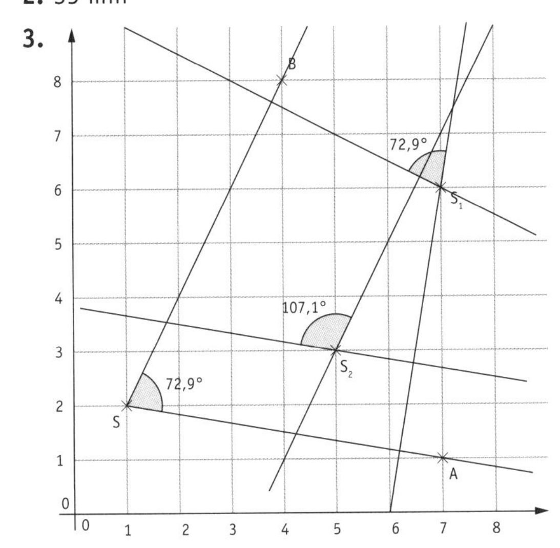

4. a) 132,84 m³ **b)** Der Lastwagen muss 111-mal fahren. **c)** mind. 873 Fliesen

5. a)

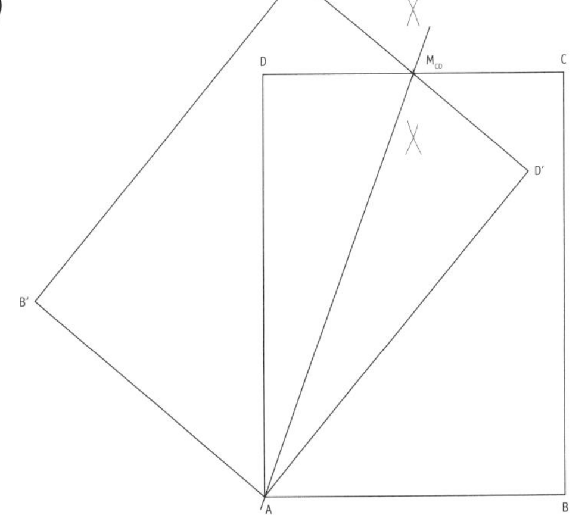

b) ρ ≈ 21 mm

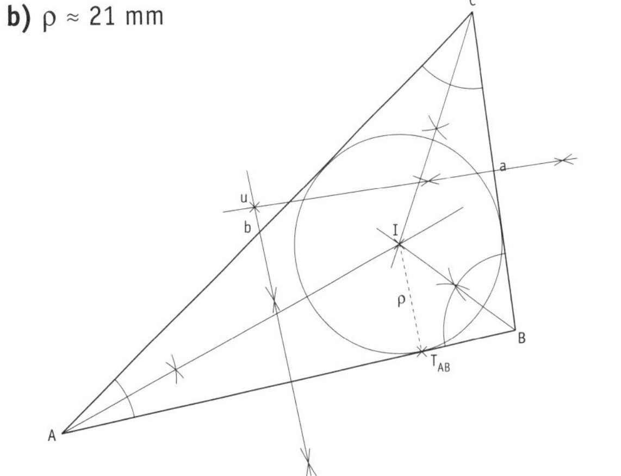

SCHULARBEIT 12

1. a) $\frac{11}{8}$ **b)** 1,75 Liter

2. a) $x = 8; \quad y = 0{,}6$ **b)** $x : \frac{2}{3} - 2{,}5 = 5\frac{3}{4}; \quad x = \frac{11}{2}$

3. a) Zum Beispiel: Zieht man von 43 die Anzahl der Schafe ab, so erhält man die Anzahl der Kühe.
Es gibt doppelt so viele Kühe wie Schafe.
$8 \cdot s = k; \quad k = s + 12$

b) 35 m

4. a) Kontrolle: Höhe $h = 4{,}7$ cm

b)

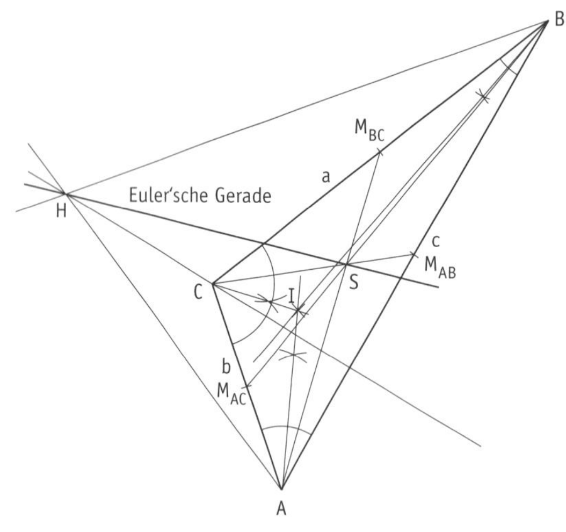

1. Auflage 2012

ISBN: 978-3-7058-8850-0

Bildungsstandards

1. richtig: Michaela, Marie

2.

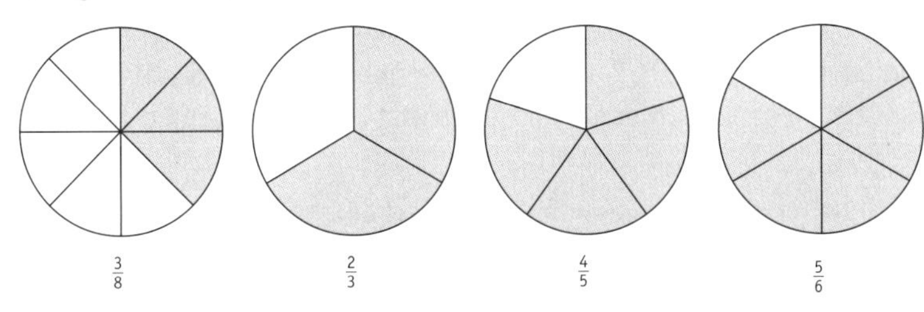

3. 46 m; 88 km; 35 m²; 27 min

4. $\frac{6}{8}$; $\frac{3}{4}$; $\frac{24}{32}$

5. Hans bekommt $\frac{1}{24}$ der Schokolade von Peter und Peter $\frac{1}{25}$ der Schokolade von Hans. Demnach erhält Hans den größeren Anteil an Schokolade, weil $\frac{1}{24}$ größer ist als $\frac{1}{25}$.

6.

		Gegenbeispiel			Gegenbeispiel
A	wahr		K	wahr	
B	falsch	z.B. 5 + 7 = 12	L	wahr	
C	falsch	z.B. 4 + 5 = 9	M	falsch	z.B. ggT(9, 11) = 1
D	wahr		N	wahr	
E	wahr		O	wahr	
F	wahr		P	wahr	
G	falsch	Nein, gerade Zahlen lassen sich immer durch 2 teilen!	Q	wahr	
H	falsch	z.B. 5|25 und 5|75	R	wahr	
I	falsch	z.B. 7|7 und 7|14	S	falsch	z.B. 24 : 12 = 2
J	wahr				

7. Zum Beispiel: 1 326 ist durch 2 teilbar, weil ihre Einerziffer eine gerade Zahl ist. 1 326 ist durch 3 teilbar, weil ihre Ziffernsumme durch 3 teilbar ist.

8. 72 min; Soraya 4 Runden, Amelie 6 Runden, Laura 9 Runden

9. 150 g

10. 3, 4, 5; $\frac{8}{3}$, $\frac{9}{3}$, $\frac{10}{3}$, …, $\frac{16}{3}$, $\frac{17}{3}$; $\frac{59}{10}$

11. 10 €

12. 39 €

13. A und C haben eine natürliche ungerade Zahl als Lösung.

14. Das Volumen V misst dann zwölf Mal so viel.

15. $u = 3x + 2y - v$; $v = 3x + 2y - u$; $x = (u + v - 2y) : 3$; $y = (u + v - 3x) : 2$

16. B und D treffen zu.

17. 1E, 2F, 3B, 4A, 5C, 6D; a = 36, b = 2, c = 18, d = 288, e = 6, f = 2

18. Zum Beispiel: Ich habe die Strecke b mit einer Länge von 65 mm gezeichnet, auf der linken Seite, im Eckpunkt C, den Winkel $\gamma = 48°$ und auf der rechten Seite, im Eckpunkt A, $\alpha = 25°$ gemessen und jeweils einen Strahl gezeichnet. Der Schnittpunkt der beiden Strahlen war der Eckpunkt B des Dreiecks.

19. Formel B und C

20. $\alpha = 120°$, $\beta = 60°$, $\gamma = 120°$, $\delta = 30°$, $\varepsilon = 60°$

21. gleichseitiges Dreieck, Raute, Deltoid

22. Zum Beispiel: Zeichne die gegebene Seite a und den anliegenden Winkel β! Nimm auf dem zweiten Winkelschenkel von β einen beliebigen Hilfspunkt P an und zeichne mit P als Scheitel den gegebenen Winkel α! Durch Parallelverschieben durch den Punkt C erhältst du den dritten Eckpunkt A des Dreiecks.

23. Zum Beispiel: Ja, es handelt sich um ein Quadrat, denn mit dem Flächeninhalt kommt nur ein Quadrat mit der Seitenlänge 11 cm in Frage und dies hat einen Umfang von 44 cm.

24. A, B und D treffen zu.

25.

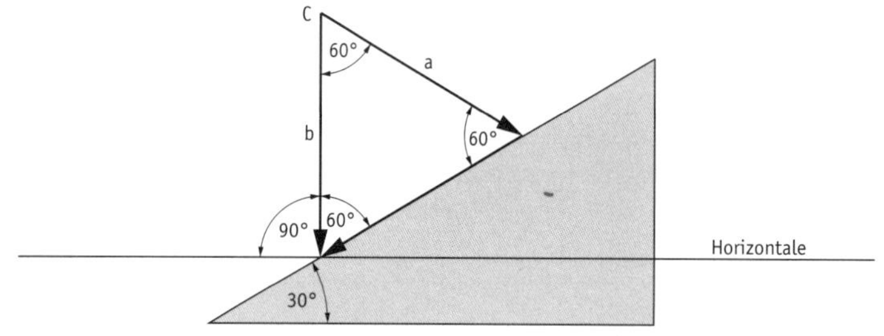

Zum Beispiel: Man bildet mit dem Stockabdruck und den beiden Stöcken ein gleichseitiges Dreieck. Hat der Hang genau eine Neigung von 30°, so schließt sich das Dreieck. Ansonsten ist es, je nachdem, ob der Hang flacher oder steiler ist, ein gleichschenkliges Dreieck mit c > a, b bzw. c < a, b.

26. $M_1(8|4{,}1)$; $M_2(5|7{,}9)$

27. **a)** Juli 2011: ca. 19 500 000 **b)** Juli 2009: ca. 3 500 000; ca. 5,6-mal so viele

28. **a)** 7 039,6 Mio. US-Dollar **b)** Nein!

29. **a)**

	Umsatz in Mrd. Euro
2006	4,60
2007	5,30
2008	5,80
2009	5,85

b)

	Umsatzsteigerung in Mrd. Euro	Umsatzsteigerung in Prozent
2007	0,7	ca. 15,22 %
2008	0,5	ca. 9,43 %
2009	0,05	ca. 0,86 %

30.

	Zentriwinkel	Anzahl in Mio.
Wien	74°	1,7
Niederösterreich	69°	1,6
Oberösterreich	61°	1,4
Steiermark	52°	1,2
Tirol	30°	0,7
Kärnten	22°	0,5
Salzburg	22°	0,5
Vorarlberg	17°	0,4
Burgenland	13°	0,3

SCHULARBEIT 10

Testdauer: 50 min

Stoffgebiete: Teilbarkeit natürlicher Zahlen, Brüche und Bruchzahlen, Proportionalität, Winkel, Vierecke, Prisma

1. a) Roman weiß nicht, was eine Primzahl ist. Erkläre es ihm mit deinen eigenen Worten!

/ 2

b) Welche der folgenden Zahlen sind Primzahlen? Kreise alle Primzahlen ein!
Gib bei Zahlen, die keine Primzahlen sind, mindestens einen echten Teiler an!

97 138 287 181 349 91

/ 6

2. Bestimme mit Primfaktorzerlegung!

a) ggT(91; 299) = ____________ **b)** kgV(45; 120) = ____________

/ 4

3. a) Welcher Bruchteil ist jeweils gefärbt?

/ 2

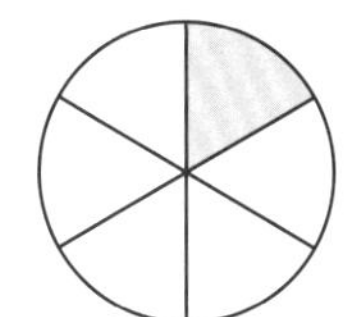 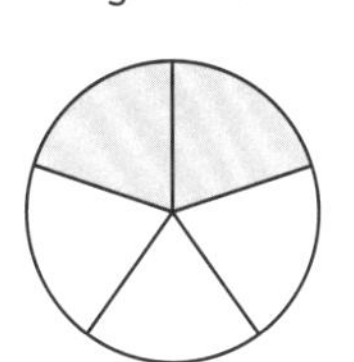 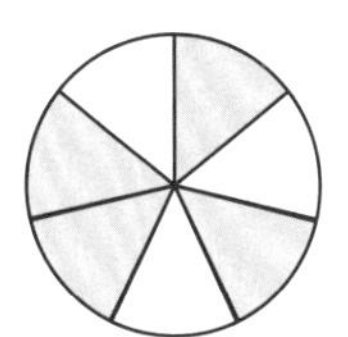 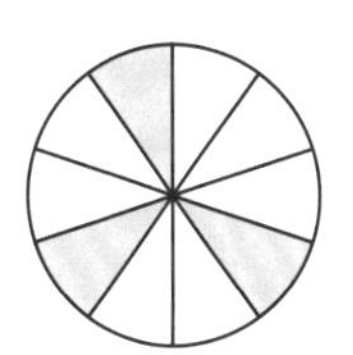

__________ __________ __________ __________

b) Entscheide, ob der erste Bruch kleiner (<), größer (>) oder gleich (=) dem zweiten Bruch ist.
Trage die entsprechenden Zeichen in die Kästchen ein!

$\frac{5}{7}$ ☐ $\frac{3}{4}$ $\frac{6}{15}$ ☐ $\frac{2}{5}$ $2\frac{3}{4}$ ☐ $\frac{11}{4}$ $\frac{21}{22}$ ☐ $\frac{23}{26}$

/ 2

c) Kürze so weit wie möglich!

$\frac{235}{240}$ = ____________ $\frac{2\,016}{2\,272}$ = ____________

/ 6

/ 2

4. a) An einer Tankstelle kosten 45 Liter Diesel 33,75 €. Wie viel Euro kosten 75 Liter an dieser Tankstelle?

/ 2

b) Ein Mopedfahrer legt eine Strecke von 105 km in dreieinhalb Stunden zurück. Welche Zeit benötigt er für 60 km?

/ 3

c) Eine Ausflugsfahrt kostet 18,50 € pro Person. Es wollten 24 Personen daran teilnehmen. Um wie viel Euro ändert sich der Preis pro Person, wenn vier Personen nicht daran teilnehmen können, aber der Gesamtpreis unverändert bleibt?

/ 2

5. a) Martin möchte sich einen Schreibtisch bauen. Deshalb kauft er im Baumarkt eine Platte mit der Länge 1,55 m und der Breite 0,65 m. Der Quadratmeterpreis für eine zugeschnittene Platte beträgt 19,90 €. Was kostet die Platte?

/ 2

b) Stefan möchte rund um die Platte Kantenleisten anbringen. Diese kosten 1,25 € pro Meter. Wie viel muss Stefan für die Kantenleisten bezahlen?

/ 1

c) Was kostet die gesamte Schreibtischplatte?

6. Miss ab und notiere die eingezeichneten Winkel mit Hilfe der Punkte oder Schenkel!

/ 4

/ 5

a)

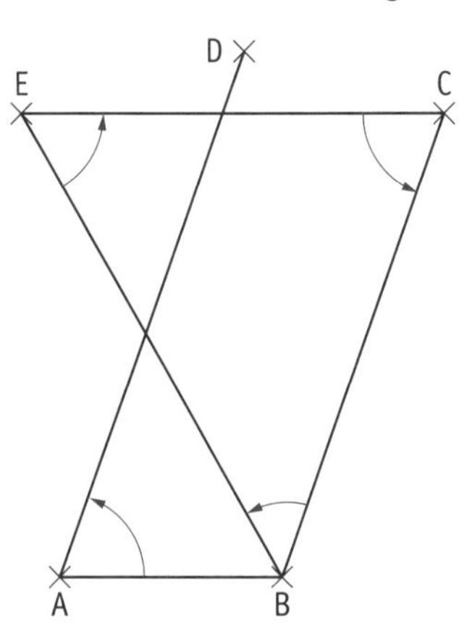

b)

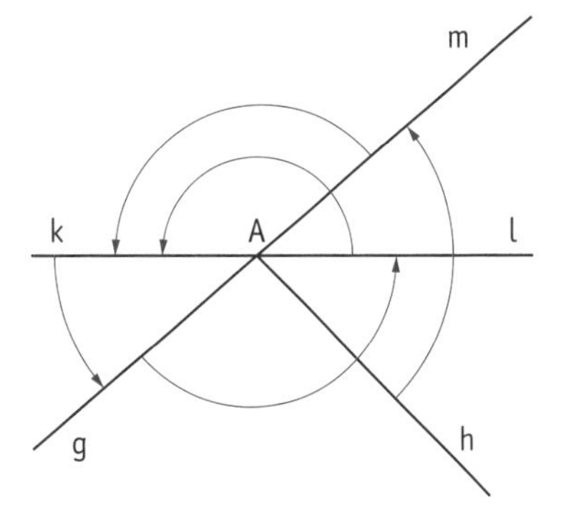

∢ ______ ∢ ______ ∢ ______ ∢ ______

∢ ______ ∢ ______ ∢ ______ ∢ ______

∢ ______

7. a) Ein Aquarium hat ein Volumen von 0,42 m^3, eine Länge von 1,5 m und eine Tiefe von 0,7 m. Wie hoch ist das Aquarium?

/ 3

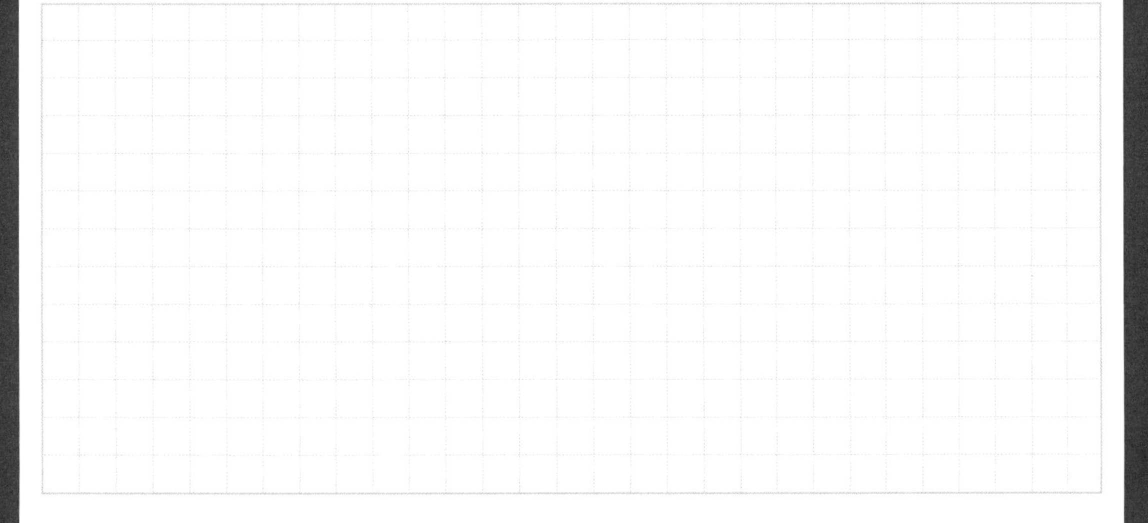

b) Jedem Fisch sollen 5 Liter Wasser zur Verfügung stehen. Wie viele Fische kann man in diesem Aquarium halten?

/ 2

/ 48

SCHULARBEIT 11

Testdauer: 50 min

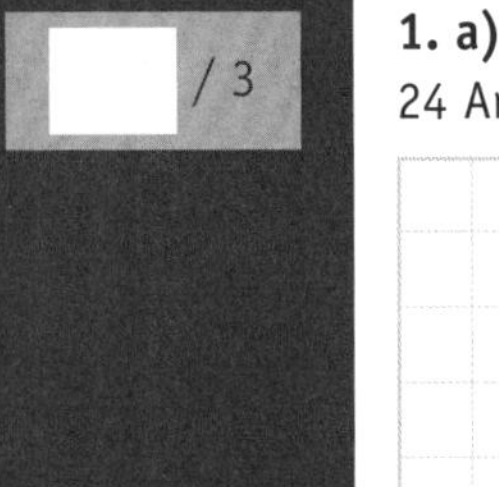

Stoffgebiete: Proportionalität, Winkel, Symmetrie, Dreieck, Quader (inkl. Rauminhalt)

/ 3

1. a) Wenn 15 Arbeiter 400 Stunden benötigen, um ein Haus zu bauen, wie viele Stunden benötigen 24 Arbeiter dafür?

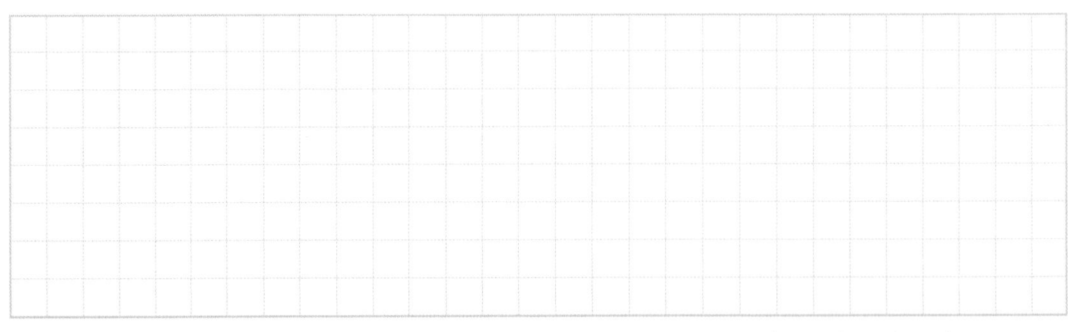

/ 3

b) Wenn 13 Pumpen ein Wasserbecken in 10 Stunden füllen können, wie lange brauchen dann 2 Pumpen?

/ 3

c) Zwölf Handwerker verrichten eine Arbeit in neun Stunden. Wie lange brauchen acht Handwerker?

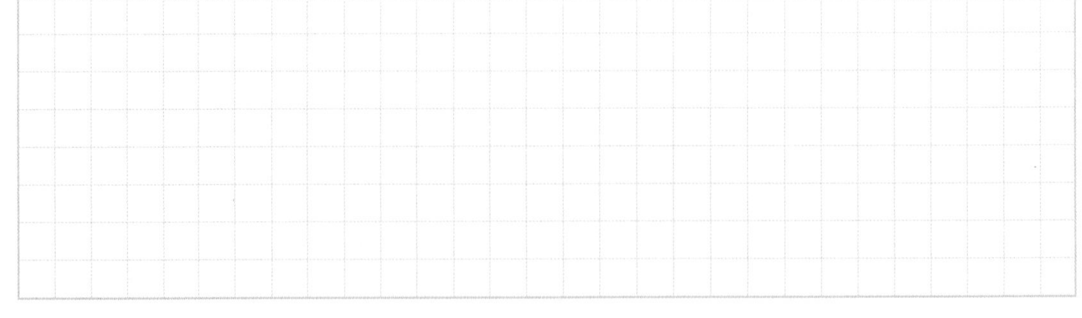

/ 5

2. Ein Reservoir fasst 35 m^3 Wasser. Mit der Zuleitung können pro Minute 200 Liter zugeführt, mit der Abflussleitung 150 Liter abgeführt werden. Zu Beginn unserer Beobachtung ist das Reservoir zu $\frac{3}{5}$ gefüllt. Die Abflussleitung ist geschlossen. Wie lange dauert es, bis das Reservoir zu 80 % gefüllt ist?

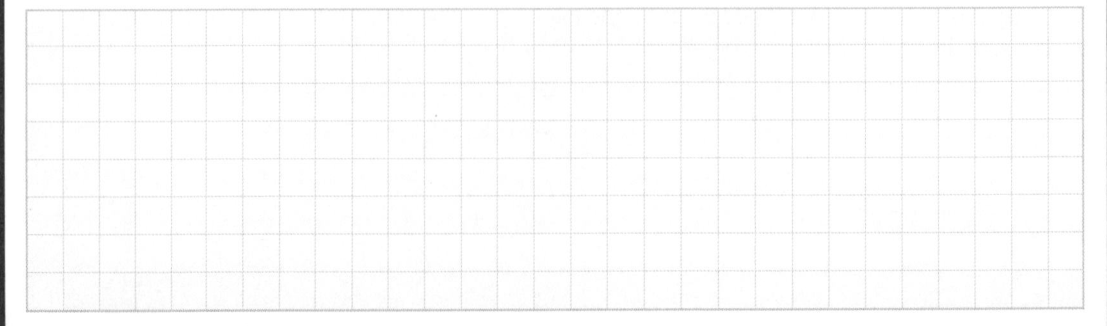

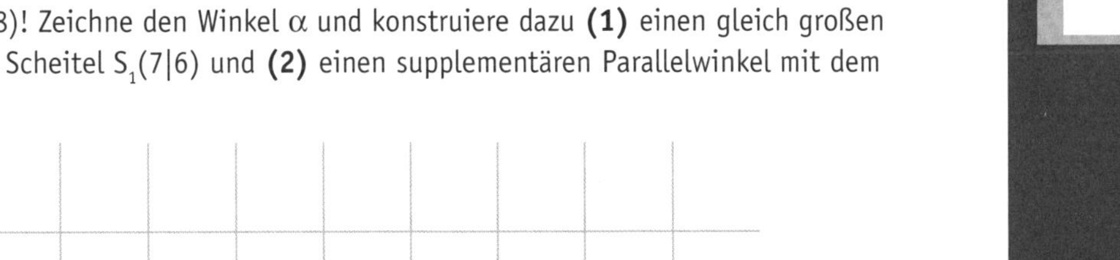

3. Der Punkt S(1|2) ist der Scheitel eines Winkels α. Der Schenkel a verläuft durch A(7|1), der Schenkel b durch B(4|8)! Zeichne den Winkel α und konstruiere dazu **(1)** einen gleich großen Normalwinkel mit dem Scheitel S_1(7|6) und **(2)** einen supplementären Parallelwinkel mit dem Scheitel S_2(5|3)!

/ 8

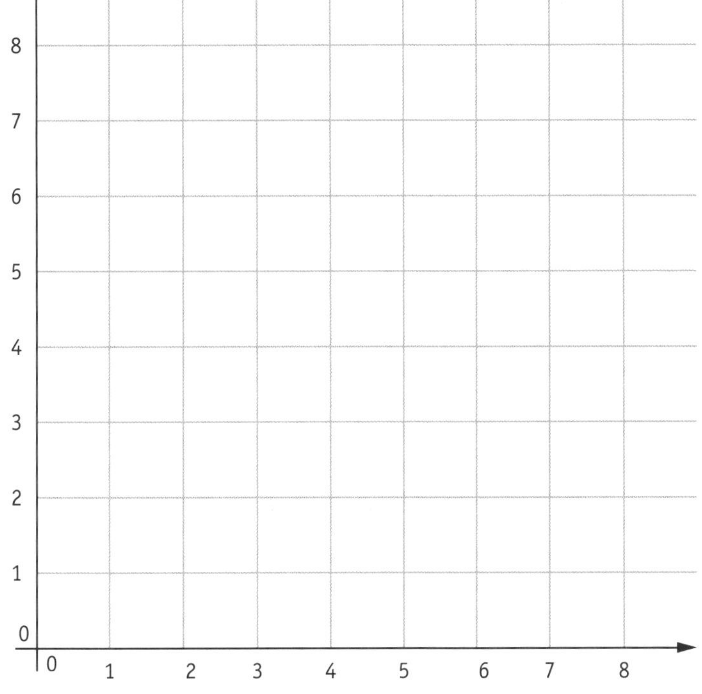

4. Beim Bau eines Schwimmbeckens wird eine quaderförmige Grube ausgehoben, die 12,3 m lang, 36 dm breit und 300 cm tief ist.

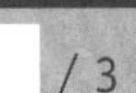

/ 3

a) Wie viel m^3 Erde müssen ausgehoben werden?

b) Zum Wegführen der Erde wird ein Lastwagen mit 3 t Ladefähigkeit eingesetzt. Wie oft muss der Lastwagen fahren, wenn 1 m^3 Erde 2,5 t wiegt?

/ 3

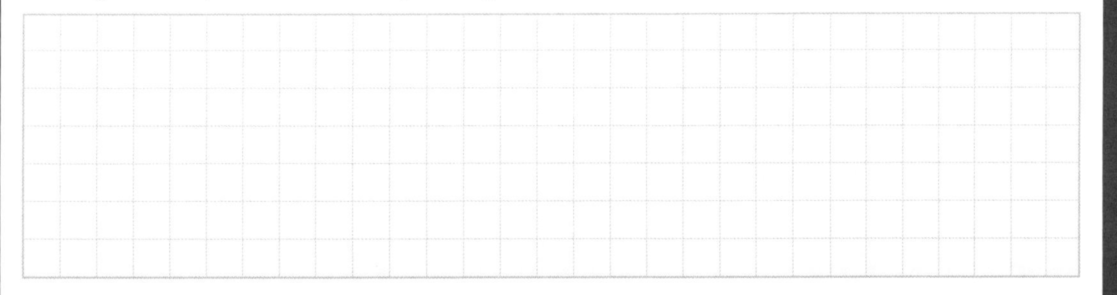

/ 6

c) Das Schwimmbecken wird mit quadratischen Fliesen von 40 cm Seitenlänge ausgekleidet. Berechne, wie viele Fliesen dafür mindestens benötigt werden!

/ 6

5. a) Gegeben ist ein Rechteck ABCD mit a = 72 mm und b = 99 mm. Konstruiere den Mittelpunkt der Seite CD! Spiegle das Rechteck an der Geraden g, die durch A und M_{CD} verläuft!

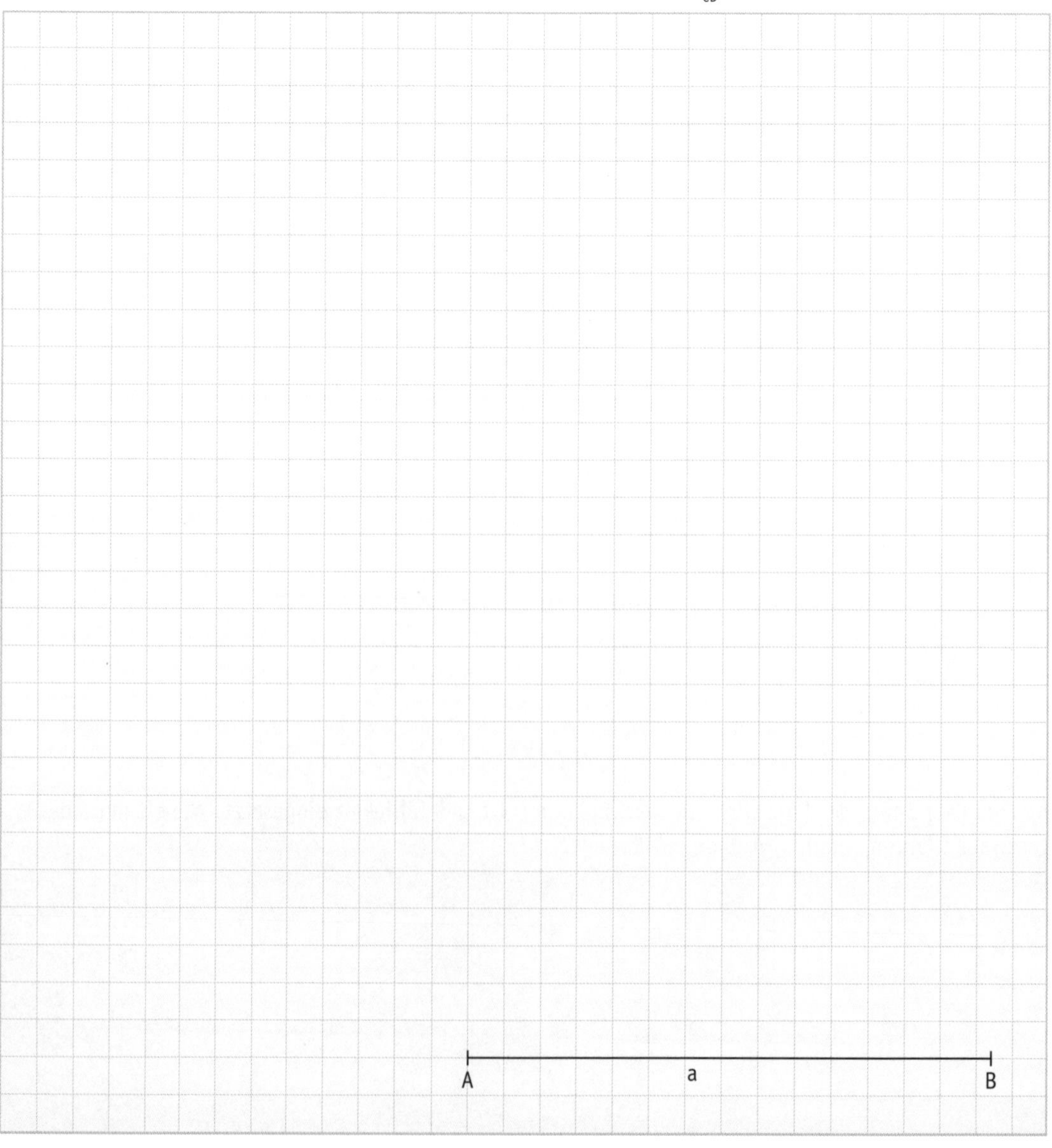

5. b) Beschrifte das unten gezeichnete Dreieck vollständig (Eckpunkte, Seiten, Winkel)! Konstruiere den Umkreismittelpunkt U. Konstruiere den Inkreismittelpunkt I und den Berührungspunkt T_{AB}! Zeichne den Inkreis und gib den Inkreisradius an!

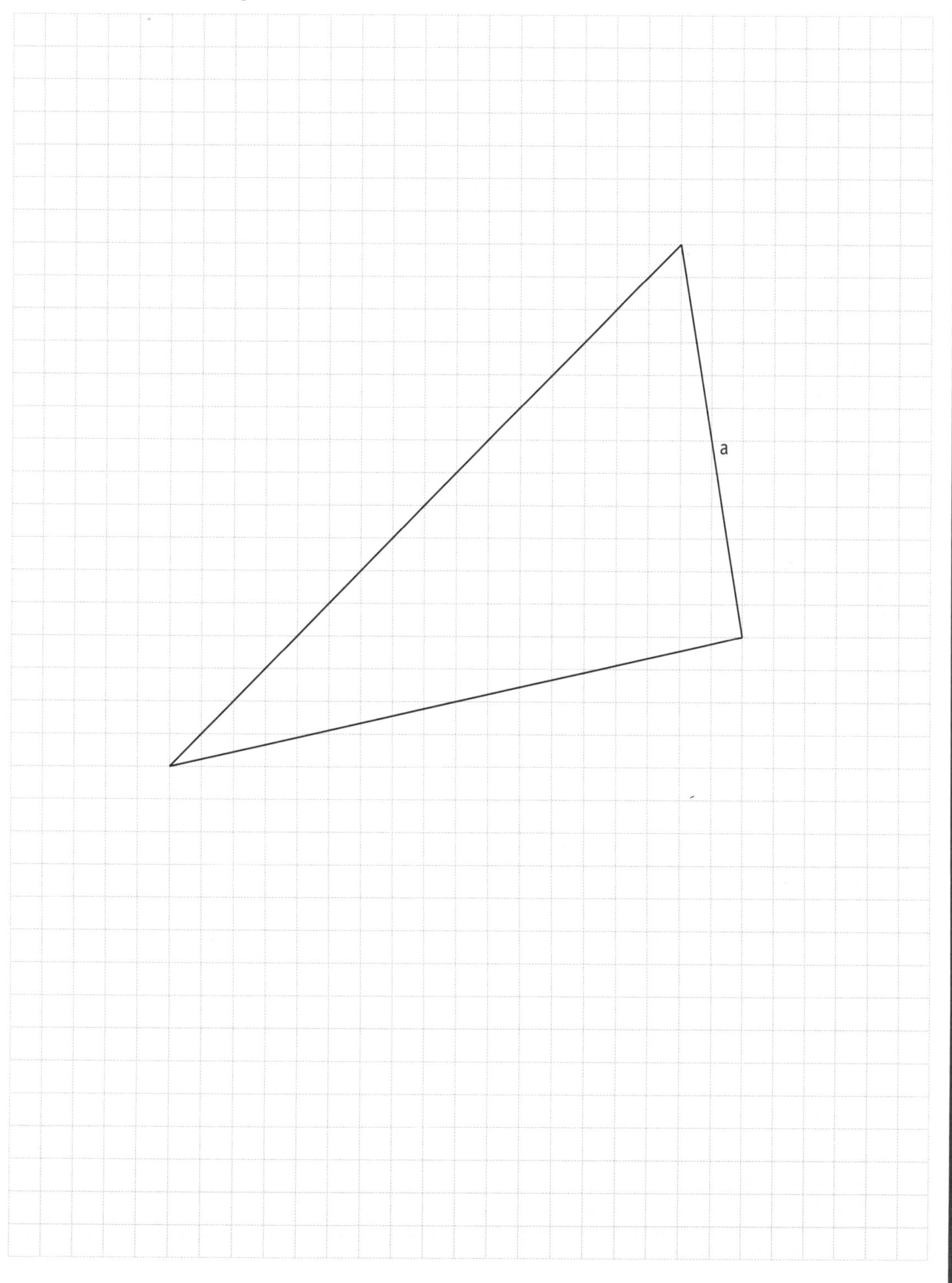

ρ ≈ ______________

SCHULARBEIT 12

Testdauer: 50 min

Stoffgebiete: Bruchrechnen, Gleichungen, Flächeninhalte, Dreieck

/ 9

1. a) Berechne: $\left(3\frac{3}{5} \cdot \frac{10}{27} + 3\frac{3}{4} : 1\frac{2}{3}\right) \cdot \frac{15}{43} + 1\frac{3}{4} : 14 =$

/ 4

b) Ein Gefäß ist zu $\frac{2}{5}$ gefüllt. Es enthält $\frac{7}{10}$ Liter Wasser. Wie viel Liter fasst das Gefäß?

/ 5

2. a) Löse folgende Gleichungen:

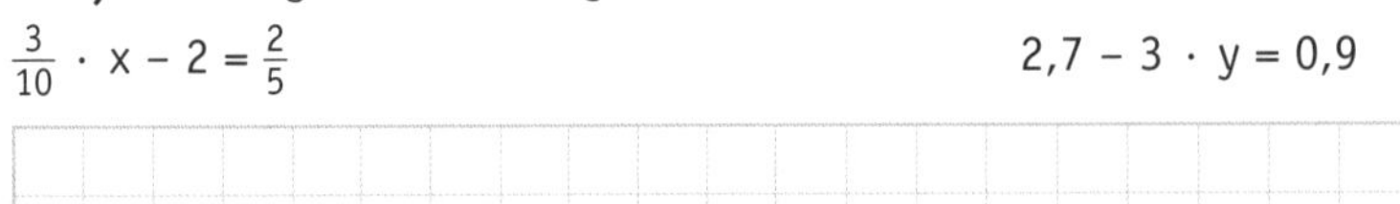

$\frac{3}{10} \cdot x - 2 = \frac{2}{5}$ $\qquad$ $2{,}7 - 3 \cdot y = 0{,}9$

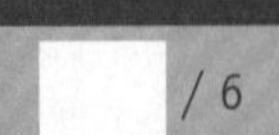

/ 6

b) Schreibe folgenden Text in Form einer Gleichung an und löse diese:
Dividiert man eine Zahl durch $\frac{2}{3}$, so ist das Ergebnis um 2,5 größer als $5\frac{3}{4}$. Wie heißt die Zahl?

3. a) Auf einem Bauernhof gibt es k Kühe und s Schafe. Was bedeuten folgende Gleichungen?

/ 6

$43 - s = k$ ______

$\frac{1}{2} \cdot k = s$ ______

Schreibe folgende Zusammenhänge als Gleichungen:

Es gibt achtmal so viele Kühe wie Schafe. ______

Es sind um 12 Schafe weniger als Kühe. ______

b) Von einem rechteckigen Grundstück (a = 49 m, b = 30 m) wird ein dreieckiges Flächenstück, dessen Inhalt $\frac{2}{7}$ der Gesamtfläche beträgt, abgetrennt.
Berechne den Inhalt der Dreiecksfläche und bestimme dann die Länge der fehlenden Kathete, wenn eine 24 m lang ist.

/ 6

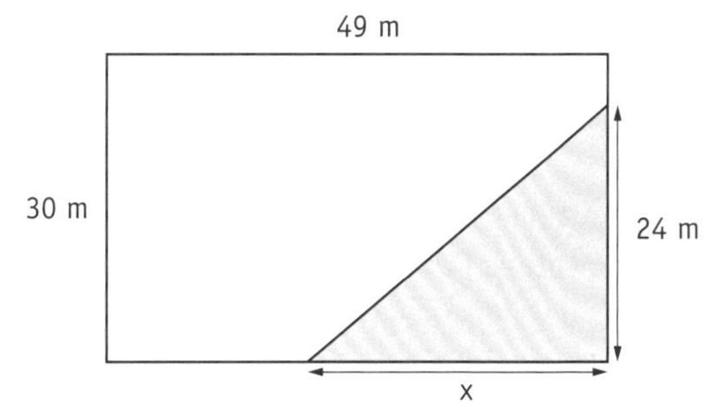

/ 4

4. a) Konstruiere ein gleichschenkliges Dreieck mit der Basis 12 cm und $\gamma = 104°$ (a = b)!

/ 8

b) Konstruiere im folgenden Dreieck Höhenschnittpunkt, Inkreismittelpunkt und Schwerpunkt und zeichne die Euler'sche Gerade ein! Achte auf eine sorgfältige Beschriftung!

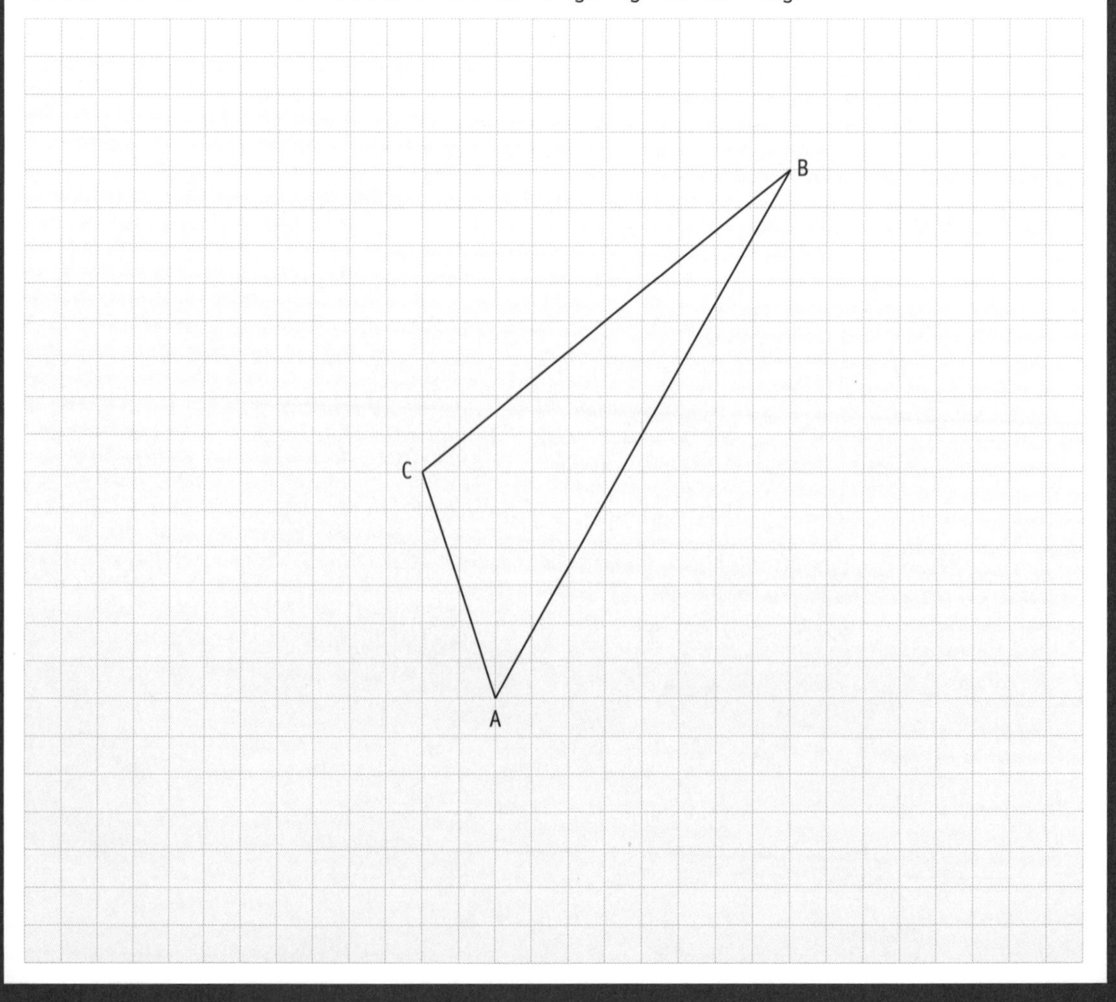

/ 48

BILDUNGSSTANDARDS

Ab 2012 gibt es in Österreich für die 4. Klasse (8. Schulstufe) regelmäßig stattfindende, gesetzlich verankerte Standardüberprüfungen. Die folgenden Aufgaben sollen dir zeigen, auf welche Art und Weise dir in der 4. Klasse (8. Schulstufe) Fragen gestellt werden. Meist musst du nur wenig berechnen, sondern „nur" die richtige Antwort ankreuzen! Aber Achtung! Gut Nachdenken! Es können auch mehrere Antworten richtig sein!
Die Aufgaben sind nach den vier Inhaltsbereichen in Kapitel gegliedert und den jeweiligen Handlungs- und Komplexitätsbereichen zugeordnet.

Inhaltsdimension (math. Inhalt):
I 1 Zahlen und Maße
I 2 Variable, funktionale Abhängigkeiten
I 3 Geometrische Figuren und Körper
I 4 Statistische Darstellungen und Kenngrößen

Handlungsdimension (math. Handlung):
H 1 Darstellen, Modellbilden
H 2 Rechnen, Operieren
H 3 Interpretieren
H 4 Argumentieren, Begründen

Komplexitätsdimension (Komplexität):
K 1 Einsetzen von Grundkenntnissen und Fertigkeiten
K 2 Herstellen von Verbindungen
K 3 Einsetzen von Reflexionswissen, Reflektieren

H2 K3

1. Verschiedene Lösungswege

Eine 2. Klasse hat folgende Aufgabe zu lösen: 1 638 – 221 : 13 – 53 · 5 =
Emilian, Lukas, Michaela und Marie wählen unterschiedliche Wege zur Berechnung des Ergebnisses.

Aufgabe: Entscheide für jeden der vier beschriebenen Lösungswege, ob er zum richtigen Ergebnis führt oder nicht!

Lösung:

		richtig	nicht richtig
Emilian:	Die Differenz von 1 638 und 221 wird durch 13 dividiert. Anschließend 53 subtrahiert und das Ergebnis mit 5 multipliziert.	❑	❑
Lukas:	Ich berechne zuerst den Quotienten von 221 und 13. Von diesem Quotienten ziehe ich das Ergebnis der Multiplikation 53 mal 5 ab. Das Resultat subtrahiere ich von 1 638.	❑	❑
Michaela:	Ich rechne zuerst 221 : 13 und dann 53 · 5. Dann zähle ich diese beiden Ergebnisse zusammen. Die Summe ziehe ich von 1 638 ab.	❑	❑
Marie:	Den Quotienten von 221 und 13 ziehe ich von 1 638 ab. Von dieser Differenz subtrahiere ich das Produkt von 53 und 5.	❑	❑

H1 K1

2. Bruchteil am Kreis

Aufgabe: Teile den Kreis jeweils in so viele gleich große Stücke wie notwendig und färbe ihn dann entsprechend der folgenden Bruchzahlen.

Lösung:

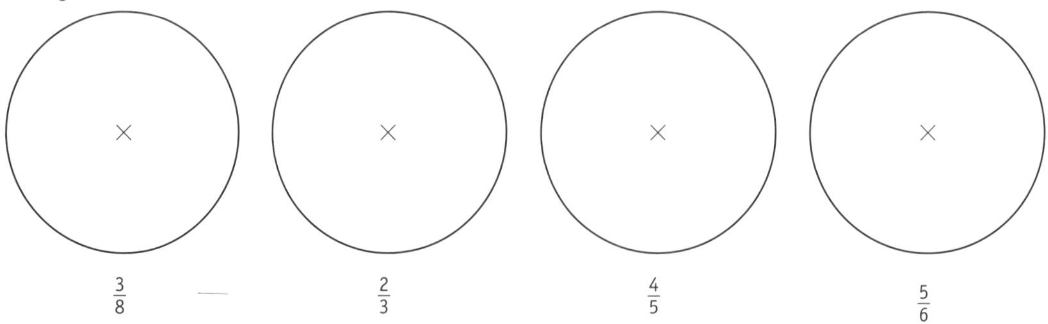

$\frac{3}{8}$ $\frac{2}{3}$ $\frac{4}{5}$ $\frac{5}{6}$

H2 K1

3. Bruchteile berechnen

Aufgabe: Gib die korrekten Maße an!

Lösung:

23 m sind $\frac{1}{2}$ von wie viel Meter? ______

66 km sind $\frac{3}{4}$ von wie viel Kilometer? ______

21 m^2 sind $\frac{3}{5}$ von wie viel Quadratmeter? ______

18 min sind $\frac{2}{3}$ von wie viel Minuten? ______

4. Bruchteile einzeichnen

H1 K2

Aufgabe: Welche Zahl muss man für x einsetzen, um jeweils den selben Anteil einzufärben?

Lösung:

$\frac{12}{16}$ $\frac{x}{8}$ $\frac{x}{4}$ $\frac{x}{32}$

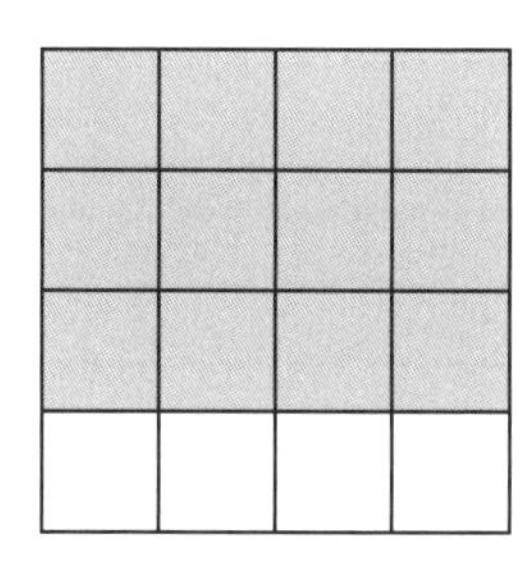
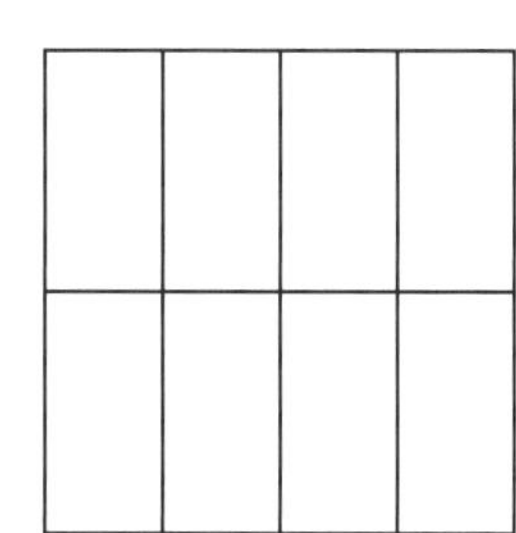
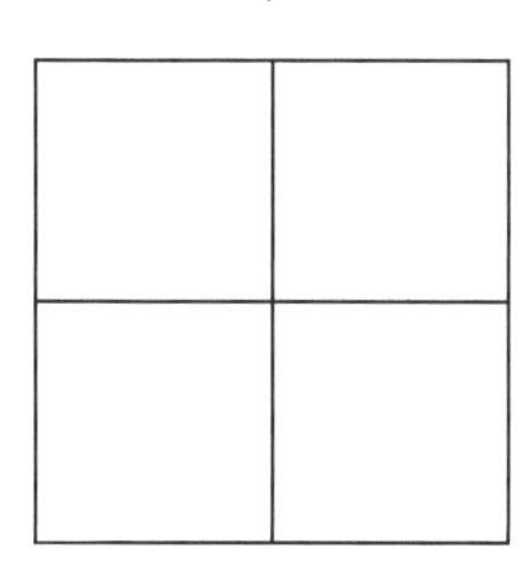
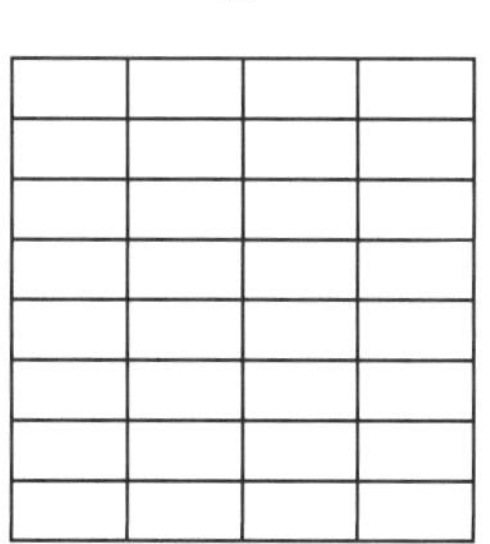

5. Schokolade

H4 K1

Hans und Peter haben je eine 200-g-Tafel Schokolade:

Schoko-Tafel von Hans

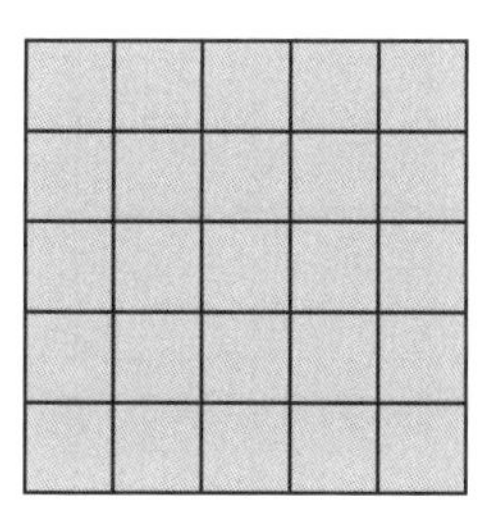

Schoko-Tafel von Peter

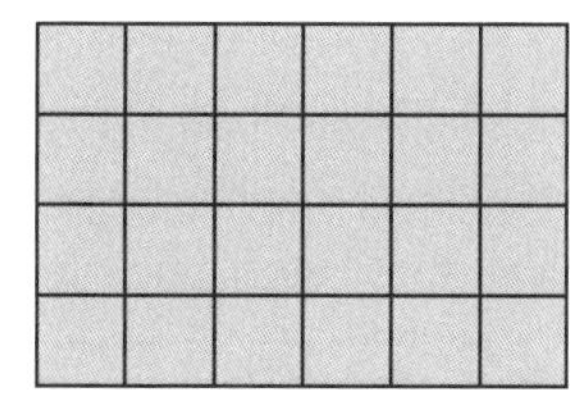

Aufgabe: Hans gibt Peter und umgekehrt Peter gibt Hans ein Stück zum Kosten. Wer bekommt den größeren Anteil an Schokolade und warum?

Lösung:

H4 K2

6. Teilbarkeit

Aufgabe: Gib jeweils an, ob die Aussage wahr oder falsch ist. Ist sie falsch, begründe anhand eines Beispiels bzw. Gegenbeispiels!

Lösung:

		wahr	falsch	Gegenbeispiel
A	Die Summe zweier gerader Zahlen ist immer gerade.	❑	❑	
B	Die Summe zweier ungerader Zahlen ist immer ungerade.	❑	❑	
C	Die Summe einer geraden und einer ungeraden Zahl ist immer gerade.	❑	❑	
D	Das Produkt zweier gerader Zahlen ist immer gerade.	❑	❑	
E	Das Produkt zweier ungerader Zahlen ist immer ungerade.	❑	❑	
F	Das Produkt einer geraden und einer ungeraden Zahl ist immer gerade.	❑	❑	
G	Zwei gerade Zahlen sind immer teilerfremd.	❑	❑	
H	Zwei ungerade Zahlen sind immer teilerfremd.	❑	❑	
I	Eine gerade und eine ungerade Zahl sind immer teilerfremd.	❑	❑	
J	Zwei Primzahlen sind immer teilerfremd.	❑	❑	
K	Die Summe einer durch 3 teilbaren Zahl und einer durch 6 teilbaren Zahl ist immer durch 3 teilbar.	❑	❑	
L	Das Produkt einer durch 5 teilbaren Zahl und einer durch 15 teilbaren Zahl ist immer durch 15 teilbar.	❑	❑	
M	Der ggT zweier teilerfremder Zahlen ist immer die größere der beiden Zahlen.	❑	❑	
N	Ist eine Zahl durch 12 teilbar, so ist sie auch durch 6 teilbar.	❑	❑	
O	Sind sowohl 3 als auch 6 Teiler einer Zahl, dann ist auch 18 Teiler dieser Zahl.	❑	❑	
P	Eine von drei aufeinanderfolgenden Zahlen ist immer durch drei teilbar.	❑	❑	
Q	Die Summe zweier Primzahlen ist immer gerade.	❑	❑	
R	Sind zwei Zahlen durch 4 teilbar, so ist auch die Differenz der beiden Zahlen durch 4 teilbar.	❑	❑	
S	Sind zwei Zahlen durch 4 teilbar, so ist auch der Quotient der beiden Zahlen durch 4 teilbar.	❑	❑	

7. Teilbarkeitsregeln

H4 K1

Aufgabe: Begründe, warum 1 326 sowohl durch 2 als auch durch 3 teilbar ist!

Lösung:

8. Reiterhof

H2 K3

Soraya, Amelie und Laura wollen mit ihren Pferden ausreiten. Alle starten vom gleichen Reiterhof und kommen auch dort wieder an. Soraya reitet eine Strecke, für die sie 18 Minuten braucht, Amelie braucht für ihre Strecke 12 Minuten und Laura 8 Minuten.

Aufgabe: Wenn jedes der Mädchen ihre Strecke öfter reitet, nach wie vielen Minuten treffen sie sich wieder am Reiterhof? Wie viele Runden sind Soraya, Amelie und Laura dann jeweils geritten?

Lösung:

9. König

H2 K3

Ein König hat drei Goldsäcke. In einen passen 750 Gramm Gold rein, in den anderen 1 800 Gramm und in den letzten 2 250 Gramm. Er lässt alle drei Goldsäcke mit Goldmünzen auffüllen. Die Goldmünzen sind alle gleich schwer.

Aufgabe: Wie schwer ist eine Goldmünze?

Lösung:

H2 K1

10. Ungleichungskette
Gegeben ist die Ungleichungskette $2\frac{1}{3} < x < 6$.

Aufgabe: Beantworte folgende Fragen!

Lösung:
Welche natürlichen Zahlen kannst du für x einsetzen?

Welche Bruchzahlen mit Nenner 3 kannst du für x einsetzen?

Wie heißt die größte Bruchzahl x mit dem Nenner 10, die diese Ungleichungskette erfüllt?

11. Nintendo

H1 K2

Simon möchte sich einen Nintendo um rund 150 € kaufen. Zu Weihnachten hat er von seiner Taufpatin 30 € bekommen. Er spart bereits seit einem halben Jahr sein gesamtes Taschengeld. Er hat sich ausgerechnet, dass er noch weitere 6 Monate sparen muss, damit er sich den Nintendo kaufen kann.

Aufgabe: Wie viel Euro Taschengeld bekommt Simon im Monat?

Lösung:

12. Ausverkauf

H2 K2

Im Ausverkauf wird der Preis für eine Jean um $\frac{1}{3}$ des ursprünglichen Preises herabgesetzt. Die Jean kostet nach der Ermäßigung 26 €.

Aufgabe: Wie viel hat die Jean ursprünglich gekostet? Schreibe als Gleichung und berechne!

Lösung:

13. Natürliche ungerade Zahlen

H2 K1

Judith hat in ihrem Mathematik-Buch einige Gleichungen. Sie soll herausfinden, welche dieser Gleichungen eine natürliche, ungerade Zahl als Lösung haben.

Ausgabe: Kreuze an, welche Gleichung eine natürliche ungerade Zahl als Lösung hat!

Lösung:

		natürliche ungerade Zahl als Lösung
A	$4{,}8 + a = 15{,}8$	❑
B	$b - 3{,}5 = 8{,}5$	❑
C	$4 \cdot c = 20$	❑
D	$26 : d = 13$	❑

H2 K3

14. Volumen des Prismas

Das Volumen eines Quaders mit quadratischer Grundfläche kann man nach folgender Formel berechnen:

$$V = a^2 \cdot h$$

a ... Kantenlänge der Grundfläche
h ... Höhe des Quaders

Aufgabe: Wenn die Kantenlänge verdoppelt und die Höhe verdreifacht wird, wie ändert sich das Volumen V?

Lösung:
- ❏ Das Volumen V misst dann zwei Mal so viel.
- ❏ Das Volumen V misst dann drei Mal so viel.
- ❏ Das Volumen V misst dann vier Mal so viel.
- ❏ Das Volumen V misst dann sechs Mal so viel.
- ❏ Das Volumen V misst dann zwölf Mal so viel.
- ❏ Das Volumen V misst dann achtzehn Mal so viel.

H3 K1

15. Zahlen und Variablen

In der gegebenen Figur ist der Zusammenhang zwischen Variablen veranschaulicht.

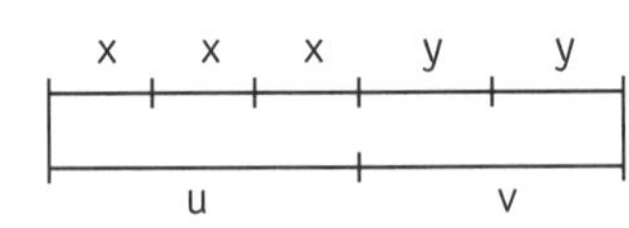

Aufgabe: Drücke jede Variable durch die anderen Variablen aus!

Lösung:

H3 K2

16. Süßigkeiten

Die Gleichung s + 7 = u stellt den Zusammenhang der Anzahl der Zuckerl, die Susi besitzt (s), und der Anzahl der Zuckerl, die Ulla besitzt (u), dar.

Aufgabe: Kreuze jene Aussagen an, die auf die obige Gleichung zutreffen!

Lösung:

		trifft zu	trifft nicht zu
A	Susi hat um 7 Zuckerl mehr als Ulla.	❏	❏
B	Susi hat um 7 Zuckerl weniger als Ulla.	❏	❏
C	Susi hat 7-mal so viele Zuckerl wie Ulla.	❏	❏
D	Wenn Susi drei Zuckerl hat, hat Ulla zehn!	❏	❏

H3 K2

17. Textgleichung

Jede mathematische Gleichung kann man auch in Worten anschreiben.

Aufgabe: Gib an, welcher Text zu welcher angegebenen Gleichung passt, und berechne die Lösung!

A	$a - 24 = 12$	B	$12 \cdot b = 24$	C	$2 \cdot c - 12 = 24$
D	$d : 12 = 24$	E	$2 \cdot e + 12 = 24$	F	$24 : f = 12$

Lösung:

		Gleichung
1.	Das Doppelte einer Zahl ist um 12 kleiner als 24.	
2.	Durch welche Zahl muss man 24 dividieren, um 12 zu erhalten?	
3.	Mit welcher Zahl muss man 12 multiplizieren, um 24 zu erhalten?	
4.	Wenn man eine Zahl um 24 vermindert, erhält man 12.	
5.	Subtrahiert man vom Doppelten einer Zahl 12, so ergibt sich 24.	
6.	Welche Zahl muss man durch 12 dividieren, um 24 zu erhalten?	

H2 K3

18. Dreieck

Stell dir vor, du hättest soeben ein Dreieck konstruiert, wobei die Seitenlänge b = 65 mm, der Winkel $\alpha = 25°$ und der Winkel $\gamma = 48°$ betragen haben.

Aufgabe: Beschreibe, wie du bei der Konstruktion vorgegangen bist!

Lösung:

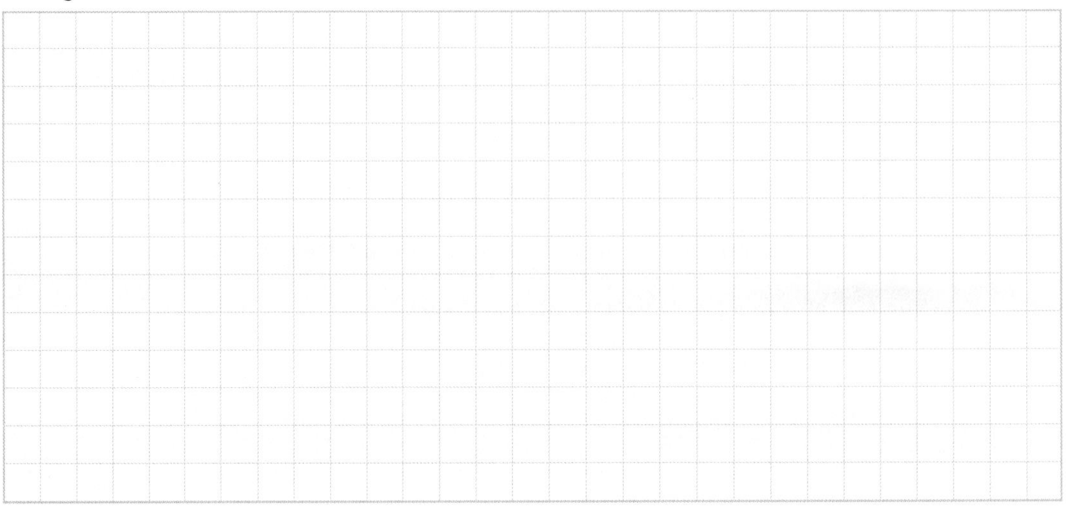

H3 K2

19. Viereck

Gegeben ist folgendes Viereck ABCD:

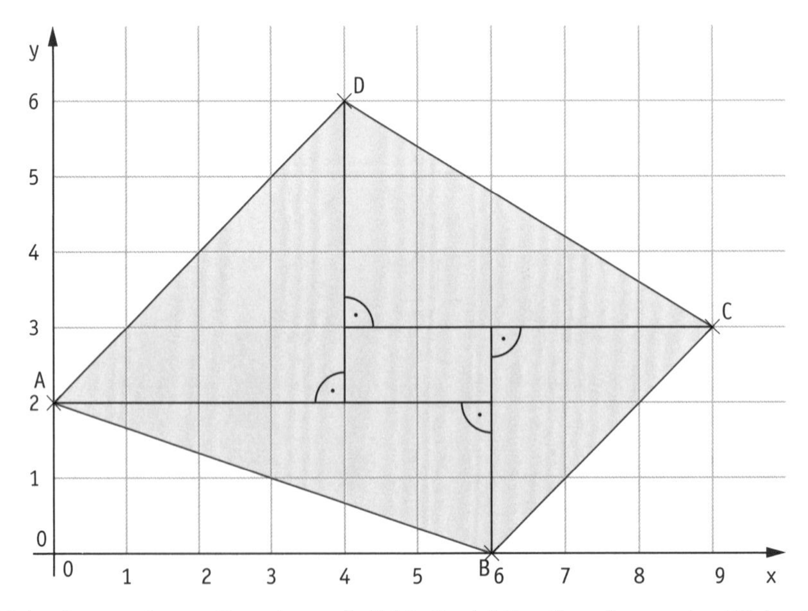

Aufgabe: Welche der gegebenen Formeln ermöglicht die richtige Berechnung des Flächeninhalts dieses Vierecks?

Lösung:

A	$\frac{1}{2} \cdot 9 \cdot 6$	❑
B	$6 \cdot 9 - \frac{1}{2} \cdot 2 \cdot 6 - \frac{1}{2} \cdot 3 \cdot 3 - \frac{1}{2} \cdot 3 \cdot 5 - \frac{1}{2} \cdot 4 \cdot 4$	❑
C	$\frac{1}{2} \cdot 6 \cdot 2 + \frac{1}{2} \cdot 3 \cdot 3 + \frac{1}{2} \cdot 5 \cdot 3 + \frac{1}{2} \cdot 4 \cdot 4 + 2 \cdot 1$	❑
D	$6 \cdot 6 - \frac{1}{2} \cdot 5$	❑

H3 K3

20. Winkel

Winkel, deren Schenkel paarweise parallel sind, nennt man Parallelwinkel. Winkel, deren Schenkel paarweise normal stehen, nennt man Normalwinkel. Zwei Parallel- oder Normalwinkel sind entweder gleich groß oder sie ergänzen einander auf 180°.

Aufgabe: Antworte ohne zu messen!
Wie groß sind die Winkel α, β, γ, δ und ε in der abgebildeten Figur?

Lösung:

α = ________

β = ________

γ = ________

δ = ________

ε = ________

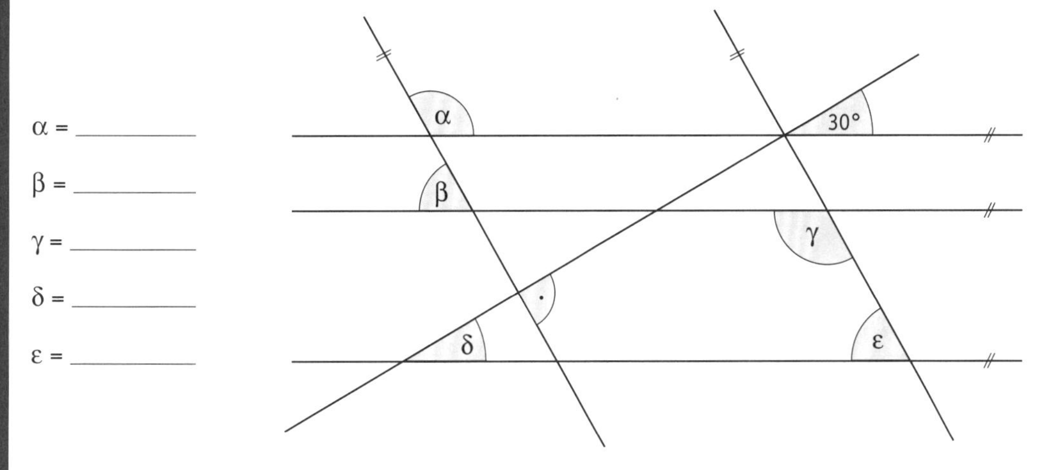

H3 K3

21. Kakaofleck

Ursula hat versehentlich Kakao auf ihr Aufgabenblatt geschüttet. Folgender Teil ist noch erkennbar:

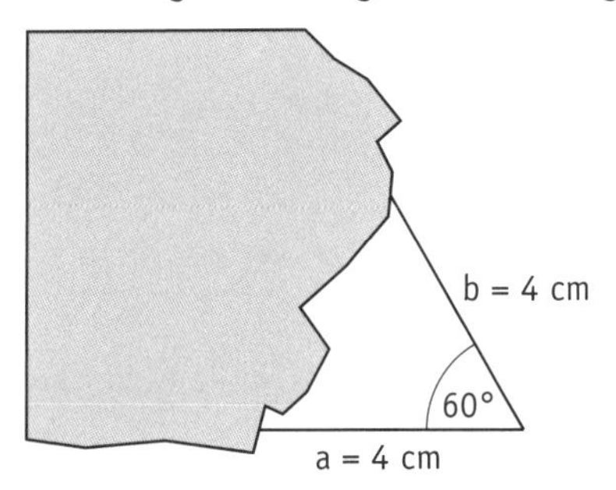

Aufgabe: Kreuze an, welche der angegebenen geometrischen Figuren am Aufgabenblatt gewesen sein könnten!

Lösung:

- ❑ rechtwinkliges Dreieck
- ❑ gleichseitiges Dreieck
- ❑ gleichschenkliges Dreieck
- ❑ allgemeines Dreieck
- ❑ Quadrat
- ❑ Rechteck
- ❑ Raute
- ❑ Parallelogramm
- ❑ gleichschenkliges Trapez
- ❑ Trapez
- ❑ Deltoid

H4 K2

22. Dreieckskonstruktion

Von einem Dreieck sind die Seite a und zwei Winkel α und β gegeben.

Aufgabe: Erkläre, wie man das Dreieck konstruieren kann, ohne den dritten Winkel zu berechnen!

Lösung:

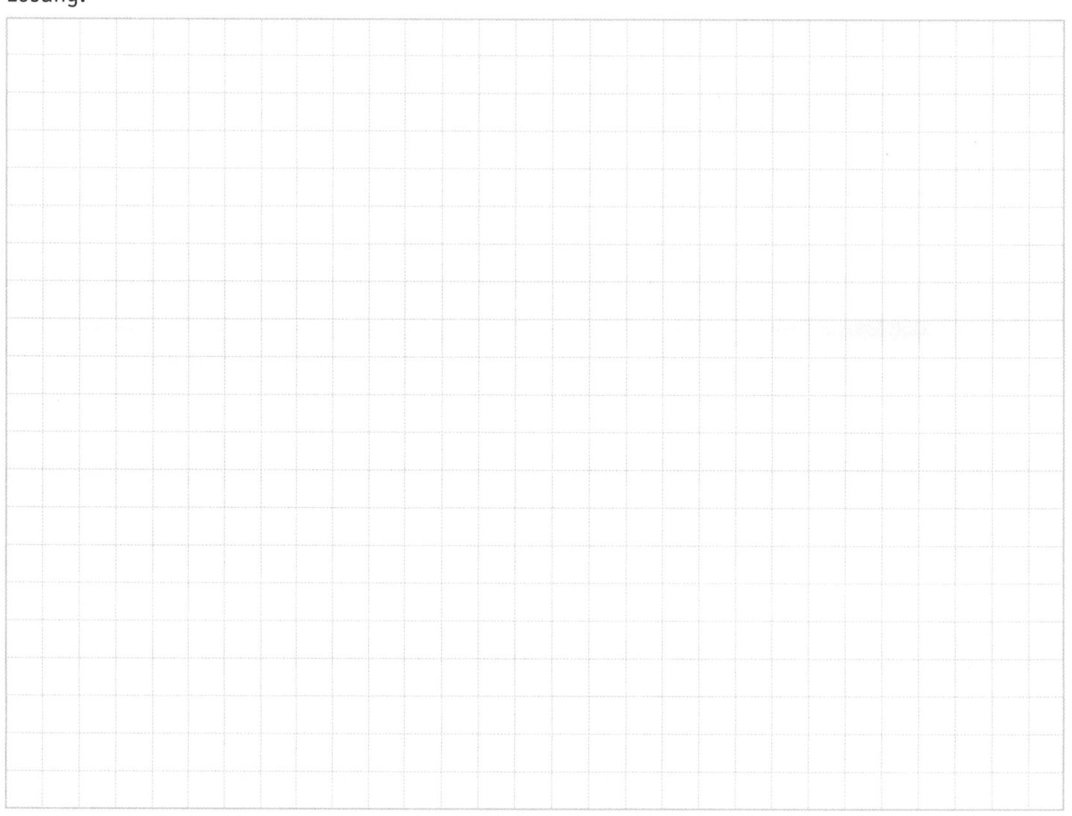

H4 K2

23. Rechteck oder Quadrat?

Von einem Rechteck sind der Flächeninhalt $A = 121\ cm^2$ und der Umfang $u = 44\ cm$ gegeben.

Aufgabe: Handelt es sich um ein Quadrat? Begründe!

Lösung:

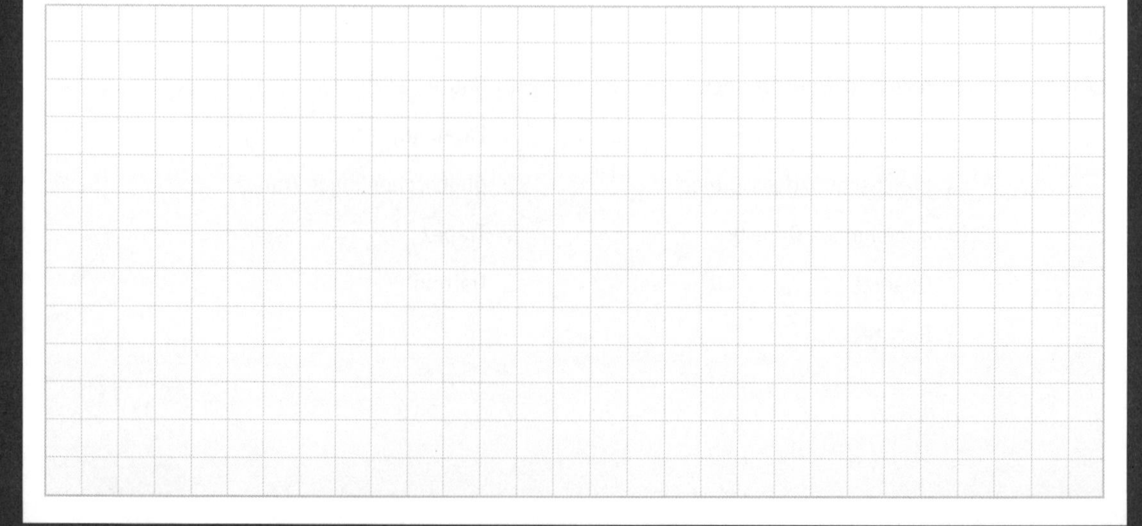

24. Verwandte Vierecke

H4 K3

Petra behauptet, dass das Quadrat, das Rechteck und die Raute verwandte Vierecke sind, weil sie viele gemeinsame Eigenschaften haben.

Aufgabe: Kreuze an, welche Eigenschaften auf alle drei Vierecke zutreffen!

Lösung:

A	Zwei Paar Seiten sind gleich lang.	❑
B	Zwei Paar Seiten sind parallel.	❑
C	Die Diagonalen bilden einen rechten Winkel.	❑
D	Die Diagonalen halbieren einander.	❑
E	Es gibt vier Symmetrieachsen.	❑

25. Lawinenkunde

H4 K3

Laut „Stop or go"-Entscheidungsstrategie des Österreichischen Alpenvereins (ÖAV) soll man bei Lawinenstufe 4 auf das Befahren unpräparierter Hänge mit einer Hangneigung ab 30° verzichten. Es gibt eine einfache Methode, mit Skistöcken die Hangneigung zu bestimmen:

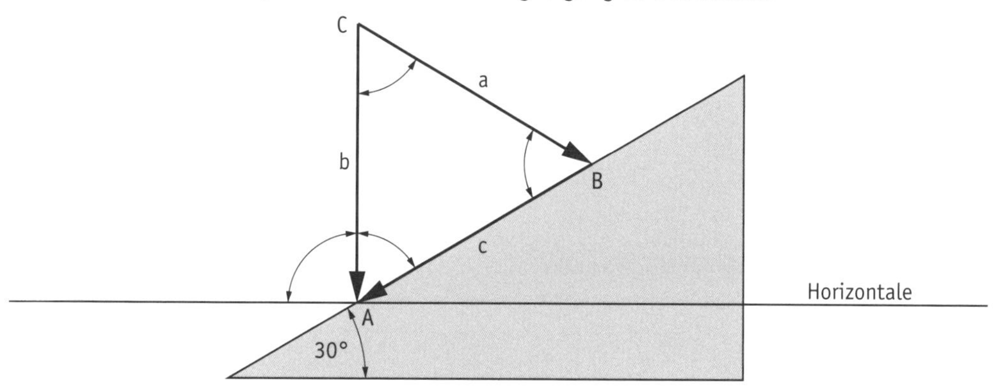

1. Abdruck von einem Skistock im Schnee, damit Festlegung der Seite c und der Eckpunkte A und B.
2. Am Eckpunkt B wird der erste Skistock (Seite a) aufgesetzt, der zweite Skistock (Seite b) wird am Ende (Eckpunkt C) locker gehalten und senkrecht baumeln gelassen.
3. Der erste Skistock (Seite a) bzw. Eckpunkt C wird so weit abgesenkt, bis Skistock 2 (Seite b) gerade den Boden berührt.
4. Berührt der zweite Skistock (Seite b) den Boden im Eckpunkt A, so hat der Hang genau 30°. Berührt er den Boden unterhalb von Eckpunkt A, so ist der Hang steiler, berührt er ihn zwischen Eckpunkt A und B, so ist er flacher.

Aufgabe: Vervollständige die Größe der Winkel in der Skizze! Begründe die Methode zur Bestimmung der Hangneigung in Worten!

Lösung:

H1 K2

26. Kreis

Aufgabe: Zeichne in das Koordinatensystem die Punkte P(4|4) und Q(9|8). Es gibt Kreise mit r = 4 cm, deren Kreislinien durch P und Q gehen. Bestimme die Mittelpunkte dieser Kreise! Lies ihre Koordinaten ab!

Lösung:

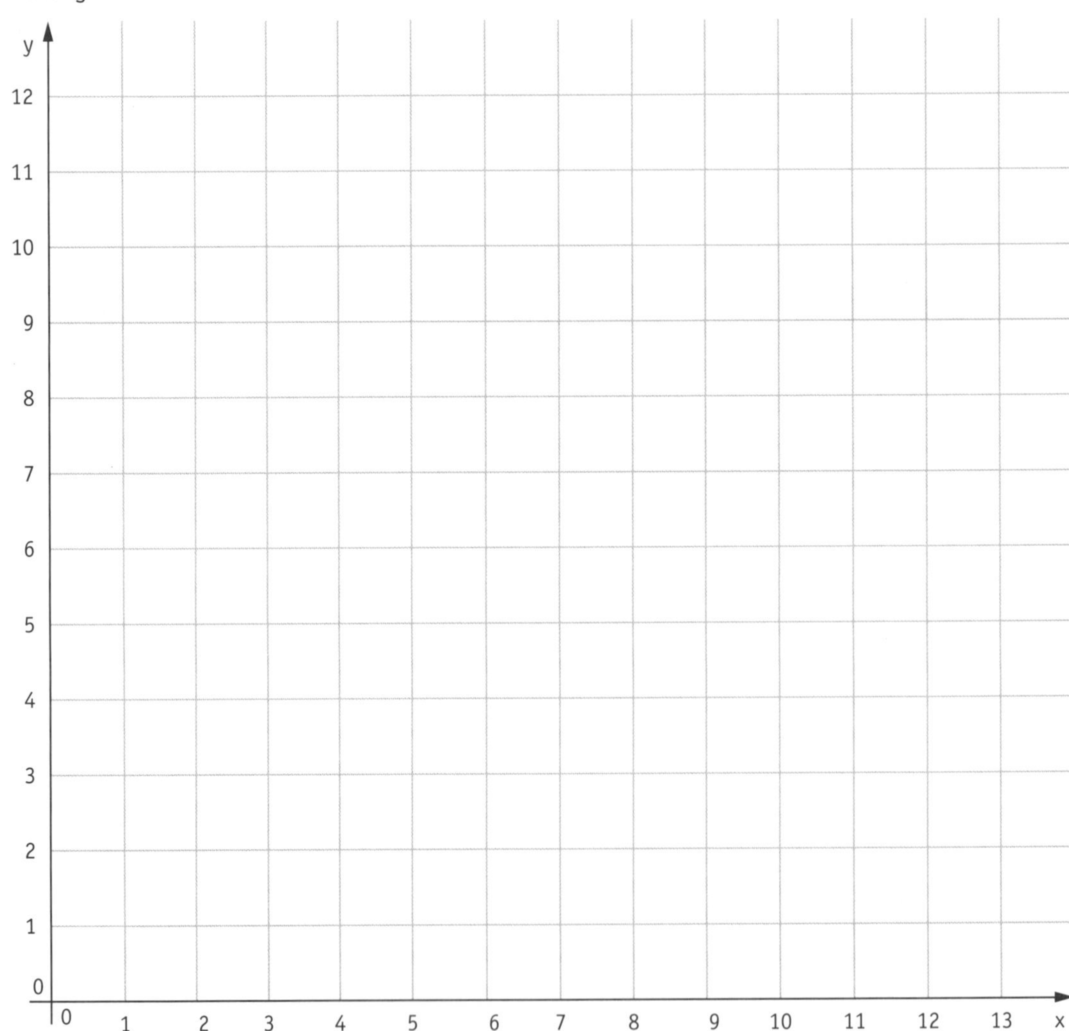

H1 K1

27. Facebook

Die Statistik zeigt die Anzahl der Nutzer von Facebook in Deutschland seit Juli 2009. Erfasst werden nur Nutzer von Facebook, die sich innerhalb der letzten 30 Tage mindestens einmal auf Facebook eingeloggt haben. Die Nutzerzahlen haben sich im Laufe eines Jahres verdreifacht. Während im Juli 2009 noch knapp 3,5 Millionen Nutzer auf Facebook aktiv waren, sind es im Juli 2010 bereits knapp 10 Millionen.

Anzahl der aktiven Nutzer von Facebook in Deutschland von Juli 2009 bis Juli 2011

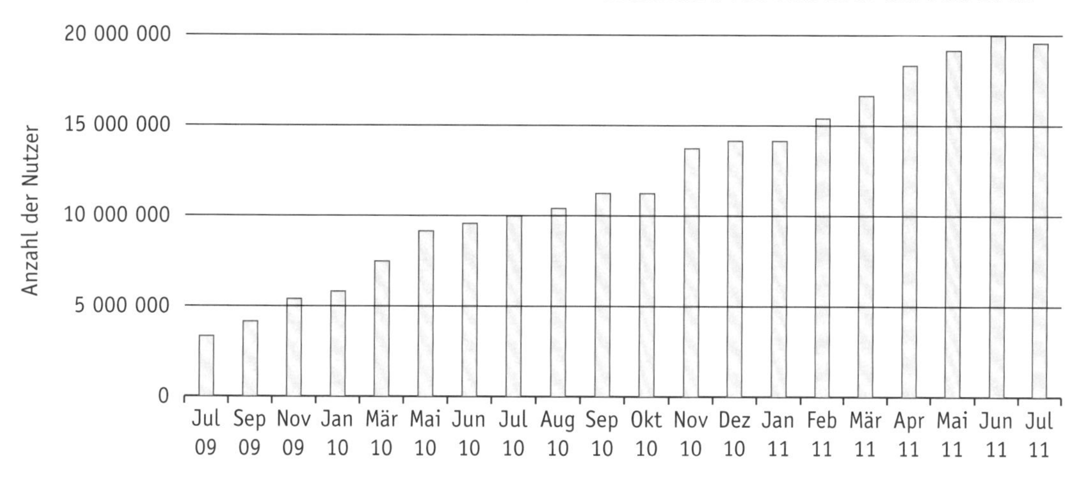

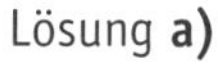

Aufgabe **a)** Wie viele Facebook-Nutzer gab es im Juli 2011 zirka?

Lösung **a)**

Aufgabe **b)** Wie viel mal so viele Nutzer gibt es im Juli 2011 verglichen mit Juli 2009?

Lösung **b)**

H3 K1

28. Google

Die Google Incorporated ist ein Unternehmen, das durch Dienstleistungen – insbesondere durch die gleichnamige Suchmaschine „Google" – bekannt wurde. Gegründet wurde das Unternehmen 1998 von Larry Page und Sergei Brin.

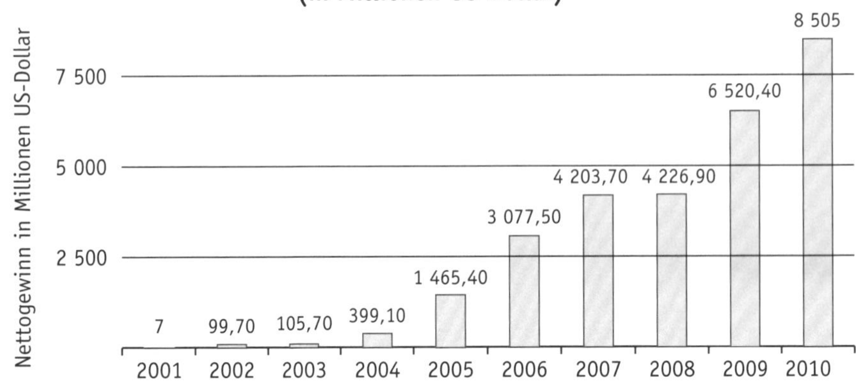

Aufgabe **a)** Um wie viel Millionen US-Dollar ist der Nettogewinn von Google von 2005 bis 2010 gestiegen?

Lösung **a)**

Aufgabe **b)** Gab es zwischen 2001 und 2010 einen Rückgang des Nettogewinns?

Lösung **b)**

H2 K2

29. Foodindustrie

Die Unternehmen der Foodindustrie – auch Lebensmittelindustrie genannt – entwickeln, verarbeiten und produzieren Lebensmittel. Auch die Genussmittelproduktion wird zum Bereich der Foodindustrie gezählt.

Zu den Wachstumsmärkten der Foodindustrie zählt der Biomarkt. Allein der Umsatz mit Bio-Produkten mit dem Bio-Siegel des Bundesministeriums für Ernährung, Landwirtschaft und Verbraucherschutz lag 2009 bei fast sechs Milliarden Euro. Das sind fast 1,5 Milliarden Euro mehr als noch drei Jahre zuvor.

Umsatz mit Bio-Produkten (in Mrd. Euro) in Deutschland von 2006 bis 2009*

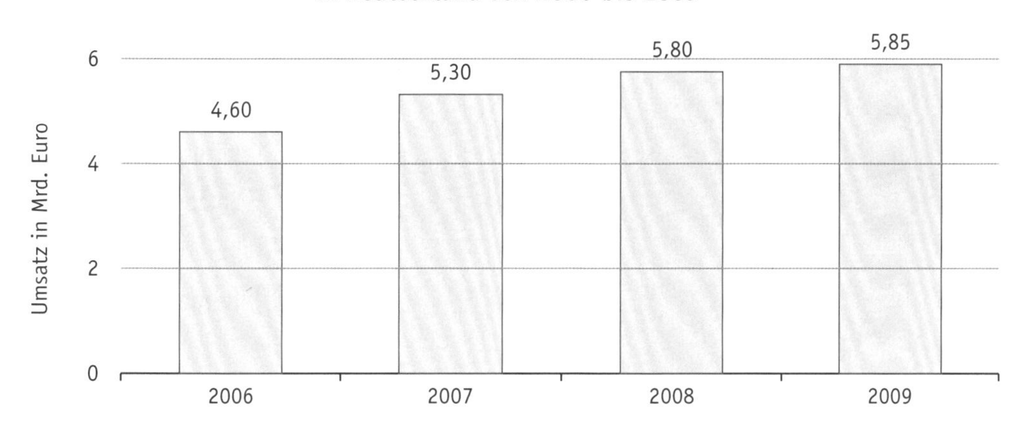

* Bio-Produkte mit dem Bio-Siegel. Das Bio-Siegel des Bundesministeriums für Ernährung, Landwirtschaft und Verbraucherschutz tragen Produkte, die nach den EG-Rechtsvorschriften für den ökologischen Landbau produziert und kontrolliert wurden.

Aufgabe **a)** Lies die Umsätze mit Bio-Produkten von 2006 bis 2009 aus der Grafik ab und trage sie in der Tabelle ein!

Lösung **a)**

	Umsatz in Mrd. Euro
2006	
2007	
2008	
2009	

Aufgabe **b)** Gib die jährliche Umsatz-Steigerung in Milliarden Euro und in Prozent an!

Lösung **b)**

	Umsatzsteigerung in Mrd. Euro	Umsatzsteigerung in Prozent
2007		
2008		
2009		

H3 K1

30. Österreichs Bevölkerung 2007

Im Prozentkreis sind die rund 8,3 Millionen ÖsterreicherInnen – auf alle neun Bundesländer aufgeteilt – eingetragen.

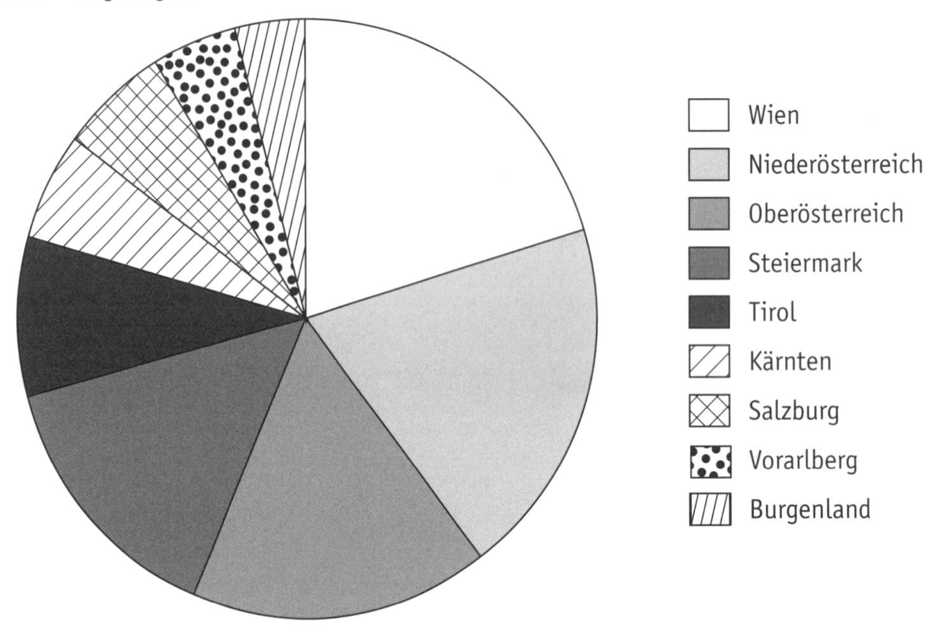

Aufgabe: Miss die jeweiligen Zentriwinkel! Bestimme daraus die ungefähre Anzahl der ÖsterreicherInnen in den einzelnen Bundesländern!

Lösung:

	Zentriwinkel	Anzahl in Mio.
Wien		
Niederösterreich		
Oberösterreich		
Steiermark		
Tirol		
Kärnten		
Salzburg		
Vorarlberg		
Burgenland		

